このお魚はここでウォッチ！

さかなクンの水族館ガイド

さかなクン・著

はじめに

水族館ってこんなところ＆その楽しみ方

はじめての水族館

さかなクンが初めて訪れた水族館は、神奈川県の江ノ島水族館（現在の新江ノ島水族館）でした。5《ギョ》、6歳のころで、当時はマダコに夢中でした。タコ壺のなかに入り込んでいるマダコを、水槽の壁に張り付くようにしてジーッと見つめていました。「しつこい子がいるなぁ」とでもいうように、マダコが足をニュ～ッと伸ばしてきてくれたときは感動！　目が金色で、足がくねくね動いて、図鑑にはない迫力がありました。思わず手を伸ばしたのは、マダコと握手をしたかったから。もちろん水槽の壁に阻まれましたが……。

幼いころのさかなクンのように、お目当てのお魚に会いに水族館へ行く人もいれば、ただ水がある空間が好きで癒されに行く人もいます。海獣のショーを見て盛り上がりたい、ジンベエザメのような大きなお魚を見て雄大な自然を感じたい、クマノミのような小さなお魚を愛でたい……水族館には、１００人いれば１００通りの楽しみ方があります。

日本人にとっての水族館

四方を海に囲まれている日本には、１００を超える水族館があります。まさに世界一の水族館大国です！　気軽なレジャーとして楽しめるのも、魅力のひとつでしょう。

日本で最初の水族館は、１８８２年、東京の恩賜上野動物園の一角にできた「観魚室《うおのぞき》」です。文字どおり、明治時代の人々は水槽のなかのお魚を興味津々でのぞいたのでしょうね。当時は循環ろ過装置もなく、展示されていたのは淡水魚だけだったようです。

それから１３０年の間に、水族館は絶えず進化してきました。アクリル水槽が開発され、巨大水槽やドーム状の水槽が登場しました。サンシャイン国際水族館（現在のサンシャイン水族館）の登場によって、大型施設が次々とでき、大きな水族館ブーム

が起きました。デートスポットとしても、すっかり定番となりましたよね。

現在の水族館は、海からの恩恵を受けながら暮らす日本人が、元気に暮らすさまざまな仲間たちを見て楽しめる空間となっています。すギョく素敵なことですよね！

よりよい飼育のために

レジャーの王道、水族館ですが、元来は博物館としての役割も果たしています。飼育員のみなさまにとっては研究の場、観る人にとっては学ぶ場でもあります。

生き物の長期飼育は、水族館にとって最も重要な使命のひとつ。どのような環境で、何を食べて暮らしているのかを、微に入り細に入り観察、研究します。

飼育法が確立されると、次は繁殖です。水族館には絶滅が危惧される生き物が少なからず飼育されています。こうした生き物たちの数を、どうしたら増やせるのか、どうしたらもとの暮らしていた環境に戻せるのか――水族館では、そうしたことが日々、研究されているのです。

生まれる命があれば、終わりを迎える命もあります。とっても長生きする生き物もいる一方で、病気になってしまう生き物

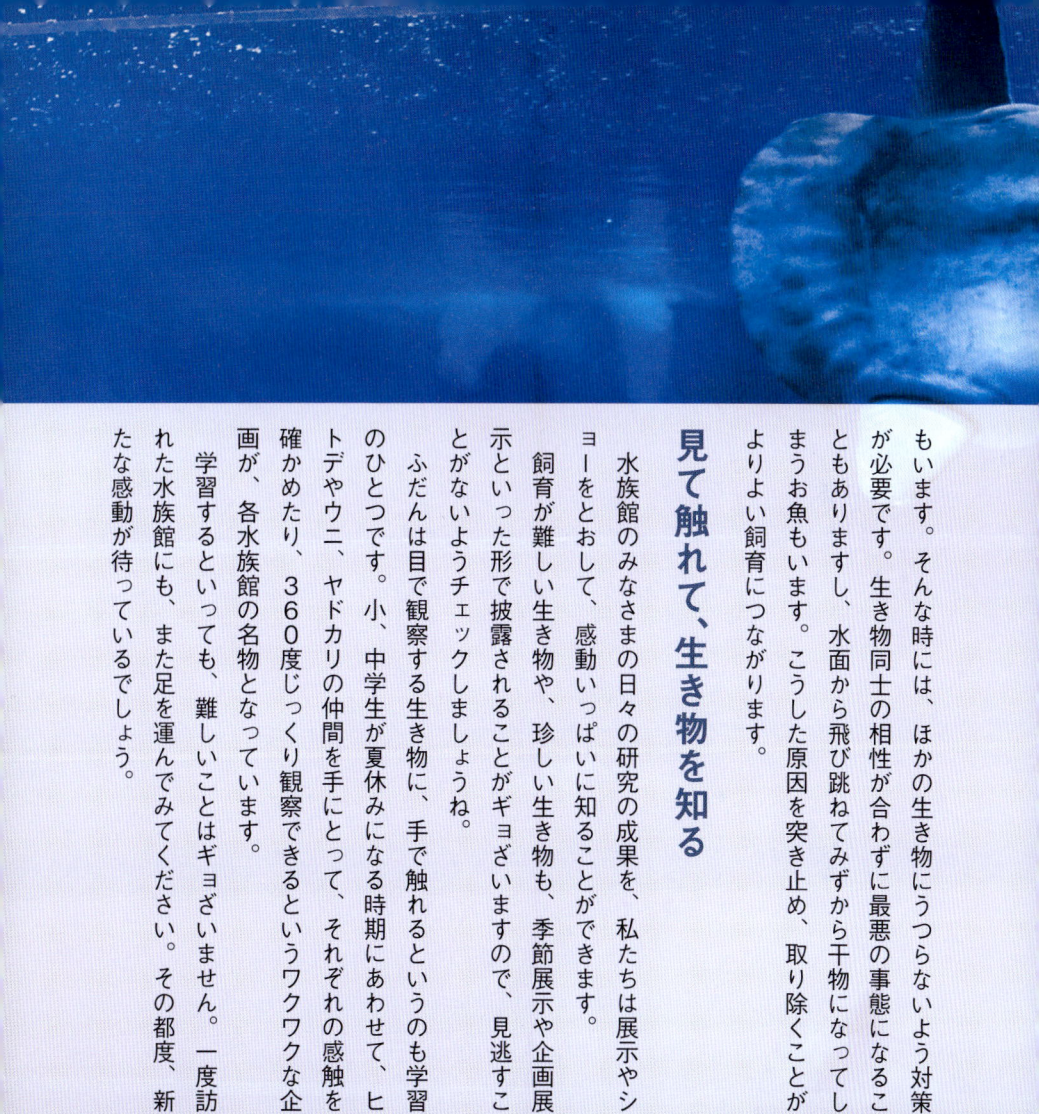

もいます。そんな時には、ほかの生き物にうつらないよう対策が必要です。生き物同士の相性が合わずに最悪の事態になることもありますし、水面から飛び跳ねてみずから干物になってしまうお魚もいます。こうした原因を突き止め、取り除くことが、よりよい飼育につながります。

見て触れて、生き物を知る

水族館のみなさまの日々の研究の成果を、私たちは展示やショーをとおして、感動いっぱいに知ることができます。

飼育が難しい生き物や、珍しい生き物も、季節展示や企画展示といった形で披露されることがギョざいますので、見逃すことがないようチェックしましょうね。

ふだんは目で観察する生き物に、手で触れるというのも学習のひとつです。小、中学生が夏休みになる時期にあわせて、ヒトデやウニ、ヤドカリの仲間を手にとって、それぞれの感触を確かめたり、360度じっくり観察できるというワクワクな企画が、各水族館の名物となっています。

学習するといっても、難しいことはギョざいません。一度訪れた水族館にも、また足を運んでみてください。その都度、新たな感動が待っているでしょう。

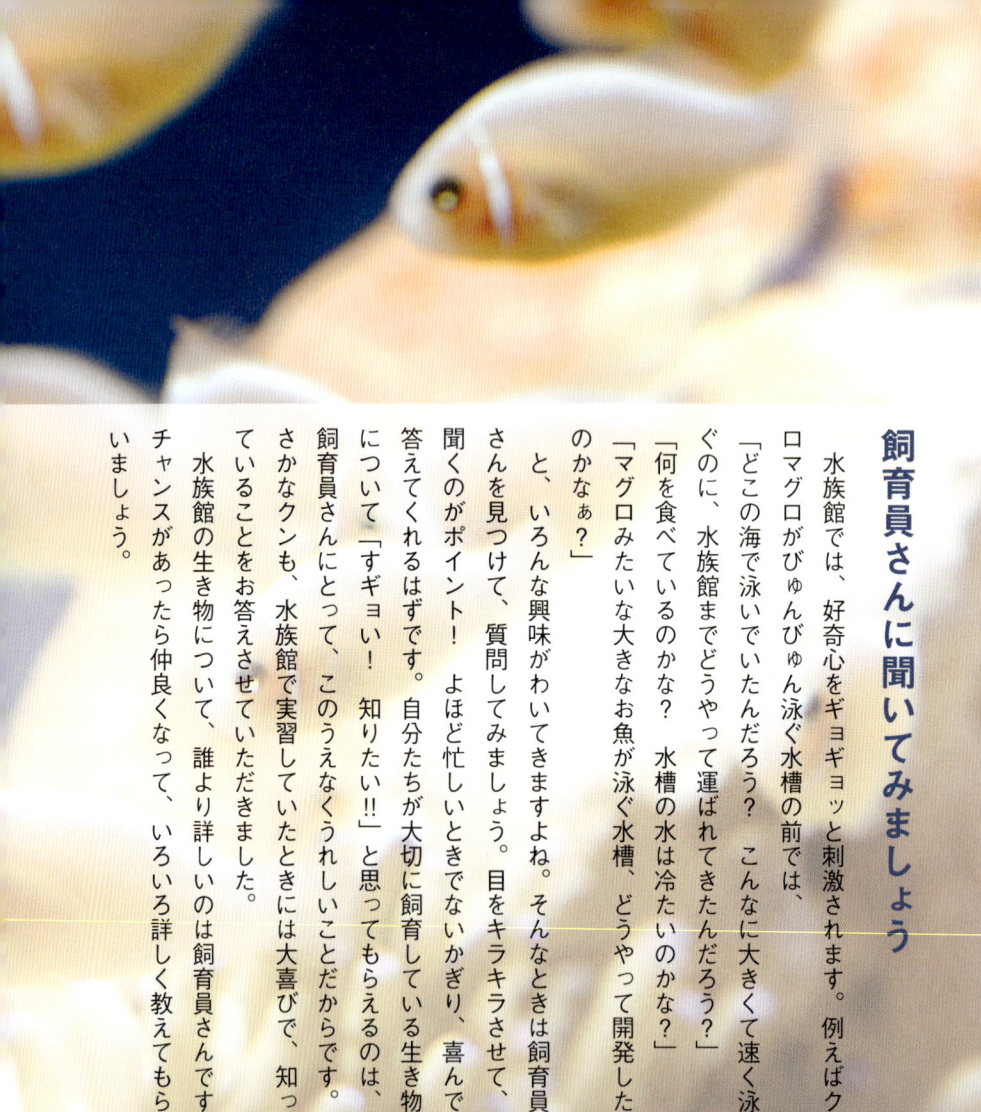

飼育員さんに聞いてみましょう

水族館では、好奇心をギョギョッと刺激されます。例えばクロマグロがびゅんびゅん泳ぐ水槽の前では、

「どこの海で泳いでいたんだろう？　こんなに大きくて速く泳ぐのに、水族館までどうやって運ばれてきたんだろう？」

「何を食べているのかな？　水槽の水は冷たいのかな？」

「マグロみたいな大きなお魚が泳ぐ水槽、どうやって開発したのかなぁ？」

と、いろんな興味がわいてきますよね。そんなときは飼育員さんを見つけて、質問してみましょう。目をキラキラさせて、聞くのがポイント！　よほど忙しいときでないかぎり、喜んで答えてくれるはずです。自分たちが大切に飼育している生き物について「すギョい！　知りたい!!」と思ってもらえるのは、飼育員さんにとって、このうえなくうれしいことだからです。さかなクンも、水族館で実習していたときには大喜びで、知っていることをお答えさせていただきました。

水族館の生き物について、誰より詳しいのは飼育員さんです。チャンスがあったら仲良くなって、いろいろ詳しく教えてもらいましょう。

館ごとに個性を楽しむ

日本は水族館大国！　た～くさんの水族館をめぐりましょう。それぞれの水族館には固有の魅力があり、知れば知るほど楽しさが倍増します。

不思議な姿をしたマンボウは、よく見ると1匹1匹表情が違います。自分好みの顔をしたマンボウを探すのは、とても楽しいですよ。

展示の仕方も、館によって異なります。ある水族館では、天敵といわれるマダコとウツボが同じ水槽に暮らしてます（ギョギョ！）。またある館では、水中にはお魚とカメ、陸上にはなんと！　おサルが一緒に暮らしているのでギョざいます。こんなふうに見ていくと、お魚に対する知識が増え、生き物や自然環境について、もっともっと知りたくなります。

水族館は、きらきらと輝く、まさに命の宝石箱。まずは、心をはずませてたくさんの生き物たちと出会いましょう!!　ギョギョッと感動が大漁、間違いなし！　誰もが心を動かされることは、さかなクンが保証するでギョざいます。

2012年　夏　**さかなクン**

本書の使い方

お魚の名前・分類
代表的な和名を表記しています。

在籍館
このお魚を見られる代表的な水族館を紹介

ここで見る！
このお魚が在籍している水族館をすべて網羅。略称で掲出しています。各水族館のデータは、p122 ～ 129 のインデックスへGO！

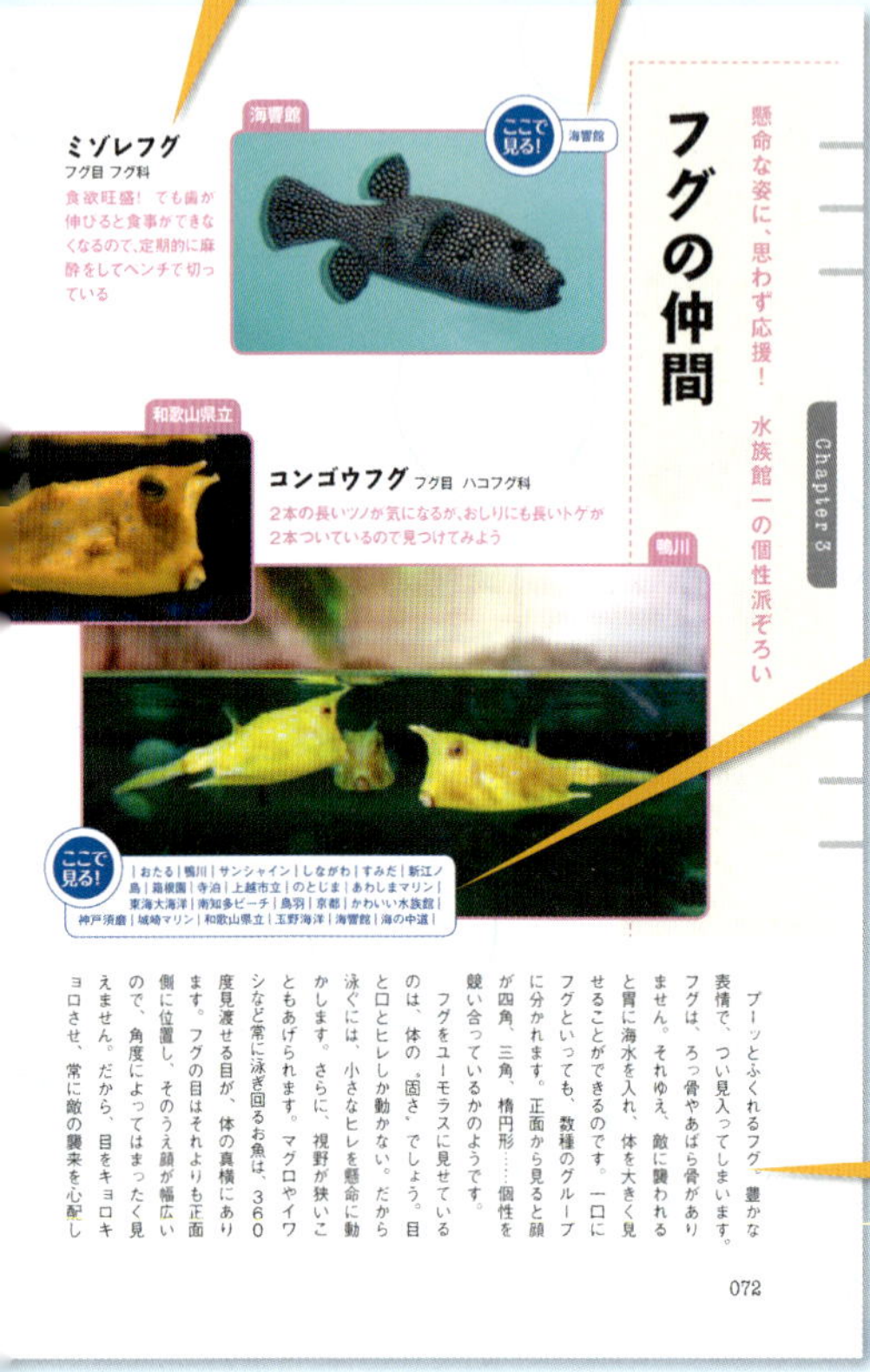

フグの仲間

懸命な姿に、思わず応援！　水族館一の個性派ぞろい

Chapter 3

海響館

ミゾレフグ
フグ目 フグ科
食欲旺盛！ でも歯が伸びると食事ができなくなるので、定期的に麻酔をしてペンチで切っている

ここで見る！ 海響館

和歌山県立

コンゴウフグ フグ目 ハコフグ科
2本の長いツノが気になるが、おしりにも長いトゲが2本ついているので見つけてみよう

鴨川

ここで見る！ ｜おたる｜鴨川｜サンシャイン｜しながわ｜すみだ｜新江ノ島｜箱根園｜寺泊｜上越市立｜のとじま｜あわしまマリン｜東海大海洋｜南知多ビーチ｜鳥羽｜京都｜かわいい水族館｜神戸須磨｜城崎マリン｜和歌山県立｜玉野海洋｜海響館｜海の中道｜

プーッとふくれるフグ。豊かな表情で、つい見入ってしまいます。フグは、ろっ骨やあばら骨がありません。それゆえ、敵に襲われると胃に海水を入れ、体を大きく見せることができるのです。一口にフグといっても、数種のグループに分かれます。正面から見ると顔が四角、三角、楕円形……個性を競い合っているかのようです。

フグをユーモラスに見せているのは、体の"固さ"でしょう。目と口とヒレしか動かない。だから泳ぐには、小さなヒレを懸命に動かします。さらに、視野が狭いこともあげられます。マグロやイワシなど常に泳ぎ回るお魚は、360度見渡せる目が、体の真横にあります。フグの目はそれよりも正面側に位置し、そのうえ顔が幅広いので、角度によってはまったく見えません。だから、目をキョロキョロさせ、常に敵の襲来を心配し

072

解説

186 種のお魚が大集ギョウ！

本書は、お魚を中心とする水中でいきる生き物の生態を紹介し、どこの水族館で観察できるかをご案内します。

ページをめくり、目にとまったお魚がいましたら「**解説**」「**さかなクン"ギョギョ！"POINT**」をチェックしてください。

どこの水族館に行けばその生き物に会えるかは、「**ここで見る！**」をチェック！

日本全国のどの水族館にその生き物がいるのかを、一覧にまとめています。

水族館に行くときには、ぜひ本書を参考にしてください。

魅力いっぱいの水族館の仲間たちを見て、海の神秘、命の尊さを知る――本書がそのきっかけになれば幸いです。

略称一覧

●千歳サケのふるさと館｜千歳サケ ●おたる水族館｜おたる ●登別マリンパークニクス｜登別ニクス ●標津サーモン科学館（サケの水族館）｜標津サーモン ●サンピアザ水族館｜サンピアザ ●美深町チョウザメ館｜美深チョウザメ ●氷海展望塔 オホーツクタワー｜オホーツクタワー ●稚内市ノシャップ寒流水族館｜ノシャップ ●札幌市豊平川さけ科学館｜さけ科学館 ●青森県営 浅虫水族館｜浅虫 ●もぐらんぴあ・まちなか水族館｜もぐらんぴあ ●男鹿水族館 GAO｜男鹿GAO ●マリンピア松島水族館｜マリンピア松島 ●鶴岡市立加茂水族館｜加茂 ●いなわしろ淡水魚館｜いなわしろ淡水魚 ●アクアワールド茨城県大洗水族館｜アクアワールド・大洗 ●かすみがうら市水族館｜かすみがうら ●山方淡水魚館｜山方淡水魚 ●栃木県 なかがわ水遊園 おもしろ魚館｜なかがわ水遊園 ●鴨川シーワールド｜鴨川 ●犬吠埼マリンパーク｜犬吠埼マリン ●さいたま水族館｜さいたま ●東京都葛西臨海水族園｜葛西臨海 ●サンシャイン水族館｜サンシャイン ●エプソン 品川アクアスタジアム｜品川アクアスタジアム ●しながわ水族館｜しながわ ●すみだ水族館｜すみだ ●井の頭自然文化園 水生物館｜井の頭自然文化園 ●新江ノ島水族館(えのすい)｜新江ノ島 ●横浜・八景島シーパラダイス｜八景島 ●相模原市立相模川ふれあい科学館｜相模川ふれあい ●箱根園水族館｜箱根園 ●よしもとおもしろ水族館｜よしもとおもしろ ●森の中の水族館・山梨県立富士湧水の里水族館｜富士湧水の里 ●板橋区立熱帯環境植物館 グリーンドームねったいかん｜ねったいかん ●足立区生物園｜足立区 ●新潟市水族館 マリンピア日本海｜マリンピア日本海 ●寺泊水族博物館｜寺泊 ●上越市立水族博物館｜上越市立 ●イヨボヤ会館｜イヨボヤ会館 ●魚津水族館｜魚津 ●のとじま水族館｜のとじま ●越前松島水族館｜越前松島 ●伊豆・三津シーパラダイス｜伊豆三津 ●沼津港深海水族館｜沼津港深海 ●下田海中水族館｜下田海中 ●あわしまマリンパーク｜あわしまマリン ●東海大学海洋科学博物館｜東海大海洋 ●名古屋港水族館｜名古屋港 ●名古屋市東山動物園 世界のメダカ館・自然動物館｜世界のめだか館 ●南知多ビーチランド｜南知多ビーチ ●蒲郡市 竹島水族館｜竹島 ●碧南海浜水族館｜碧南海浜 ●赤塚山公園 淡水魚水族館ぎょぎょランド｜ぎょぎょランド ●世界淡水魚水族館 アクア・トトぎふ｜アクア・トトぎふ ●森の水族館｜森の水族館 ●鳥羽水族館｜鳥羽 ●二見シーパラダイス｜二見 ●志摩マリンランド｜志摩マリン ●日本サンショウウオセンター｜日本サンショウウオ ●滋賀県立琵琶湖博物館｜琵琶湖博物館 ●京都水族館｜京都 ●丹後魚っ知館｜魚っ知館 ●海遊館｜海遊館 ●かわいい水族館｜かわいい ●神戸市立須磨海浜水族園｜神戸須磨 ●城崎マリンワールド｜城崎マリン ●姫路市立水族館｜姫路市立 ●和歌山県立自然博物館｜和歌山県立 ●京都大学白浜水族館｜京大白浜 ●串本海中公園｜串本海中 ●太地町立くじらの博物館｜くじらの博物館 ●すさみ海立エビとカニの水族館｜エビとカニ ●アドベンチャーワールド｜アドベンチャーワールド ●玉野市立玉野海洋博物館｜玉野海洋 ●宮島水族館｜宮島 ●島根県立しまね海洋館AQUAS(アクアス)｜しまね海洋館 ●島根県立宍道湖自然館 ゴビウス｜宍道湖ゴビウス ●下関市立しものせき水族館海響館｜海響館 ●なぎさ水族館｜なぎさ ●新屋島水族館｜新屋島 ●虹の森公園 おさかな館｜虹の森公園おさかな館 ●桂浜水族館｜桂浜 ●高知県立足摺海洋館｜足摺海洋館 ●四万十川学遊館 あきついお｜あきついお ●マリンワールド海の中道｜海の中道 ●大分マリーンパレス水族館「うみたまご」｜うみたまご ●道の駅やよい 番匠おさかな館｜番匠おさかな館 ●長崎ペンギン水族館｜長崎ペンギン ●九十九島水族館「海きらら」｜海きらら ●むつごろう水族館｜むつごろう水族館 ●わくわく海中水族館 シードーナツ｜わくわく海中 ●高千穂峡淡水魚水族館｜高千穂峡淡水魚 ●すみえファミリー水族館｜すみえファミリー ●いおワールド かごしま水族館｜いおワールド ●海洋博公園 沖縄美ら海水族館｜美ら海

写真
各館のベストショットをいただきました。

3章 笑えてなごむ！ 個性的でユニークなお魚たち

海響館

ヒゲハギ
フグ目 カワハギ科

同館はフグの飼育種類数、日本一！ 希少な種も多い。ヒゲハギは泳ぐ姿が、ゆらゆらと漂う海藻のように見える

ここで見る！ ｜しまね海洋館｜海響館｜

オルネイト・カウフィッシュ
フグ目 イトマキフグ科

海響館

ここで見る！ ｜葛西臨海｜しながわ｜すみだ｜よしもとおもしろ｜

よしもとおもしろ

オルネイトとは、「派手に飾り立てた」という意味。オス（上）とメス（下）の模様が違うが、どちらもファッショナブル！

さかなクンからもらった
ハコフグ

もぐらんぴあ

岩手県の「もぐらんぴあ まちなか水族館」では、さかなクンから寄贈された3匹のハコフグが、仲睦まじく泳いでいる。ハコフグの詳細は38ページ参照

さかなクン“ギョギョ！”POINT

さかなクンの帽子は、ハコフグです。子どもころ初めて見て、ヒレをぱたぱたさせて泳ぐ姿に元気をもらいました。ハコフグを見ていると、「自分もがんばらなきゃ！」という気持ちがわいてきます。だから、こうしていつも一緒にいるんですよ。

ながら泳ぐのです。不器用だけど、その必死さが愛らしい！

フグは縄張り意識が強いものが多く、なかでもモンガラカワハギは気性の荒さで知られています。間延びした長い顔と、すぼまった口とで、とぼけた印象ですが、これもフグの仲間。水槽に2匹入れると、死闘の始まり！ 広い海だと逃げることもできますが、水槽ではそうもいきません。肉がえぐれ、ぼろぼろになり、どちらかが死ぬまで戦いは続きます。

073

さかなクン“ギョギョ！”POINT
お魚のことを誰より知ってる、さかなクンならではのマニアックな見方を紹介。ギョギョ！と驚くことが詰まっています。

スペースの限りがギョざいますので、掲載水族館名は略称で記載させていただきます!!

※なお、本書のデータは2012年7月6日現在の情報に基づいています。季節や時期によって展示内容が変わる場合がありますので、「ここでこのお魚が絶対見たい！」という場合には、事前に水族館にお問い合わせください。

Contents

はじめに

水族館ってこんなところ&その楽しみ方……002

本書の使い方……008

Chapter 1

迫力満点！圧倒的な存在感を誇るお魚たち……013

ジンベエザメ……014

イタチザメ……016

メガマウスザメ……017

アカシュモクザメ……018

チョウザメ……019

エイの仲間①……020

エイの仲間②……022

サケの仲間……024

クロマグロ……025

イワシの仲間……026

アカメ……028

オオカミウオ……029

ピラルクー、アロワナ、ガー……030

ピラニアの仲間……032

ハイギョの仲間……033

オウムガイ……034

カブトガニ……035

ウツボ……036

毒を持つお魚たち……038

シーラカンス……042

Chapter 2

神秘的な水中世界にうっとり！美しくて優雅なお魚たち……043

Chapter

3

笑えてなごむ！個性的でユニークなお魚たち

笑えてなごむ！個性的でユニークなお魚たち……069

ベラの仲間……044
チョウチョウウオの仲間……046
ゴンベの仲間／ルックダウン／ヒフキアイゴ……048

イエローヘッドジョーフィッシュ……050
スズメダイの仲間……051
共生関係にあるお魚たち……052

ハタの仲間……054
カサゴの仲間……056
メダカの仲間……058
クラゲの仲間……060
光るお魚たち……062
クリオネ……068

マンボウ……070
フグの仲間……072
フグ＆ハリセンボン写真館……074
ナマズの仲間……076
ヌタウナギの仲間……078
アナゴの仲間……080

アンコウの仲間……082
深海魚……084
リュウグウノツカイ……085
イカの仲間……086
タコの仲間……088
エビの仲間……090
カニの仲間……092

タツノオトシゴの仲間……094
擬態するお魚たち……096
芸やワザを見せるお魚たち……098
ダンゴウオの仲間……102

Chapter

4

華麗なパフォーマンスに大興奮！人気のライブショー ……103

イルカの仲間① ……104
アシカの仲間 ……110
ペンギンの仲間 ……116
イルカの仲間② ……106
アザラシの仲間 ……112
ウミガメの仲間 ……118
オキゴンドウ ……108
ラッコ ……113
シャチ ……109
マナティー&ジュゴン ……114

あとがきにかえて ……120
行きたくなったら今すぐGO！ 掲載水族館一覧 ……122
これは便利！ 魚《うお》引《び》きさくいん ……130

さかなクンコラム

動かないお魚、標本とじっくり向き合おう ……040
こんにちは赤ちゃん！ 未来に向けて育まれる命 ……064
地元の水族館で海とお魚たちの〝今〟を知る ……066
お魚たちはどこから来たの？ 水族館と漁師との強力タッグ ……100

Chapter 1

迫力満点！
圧倒的な存在感を誇る
お魚たち

海には、巨大なお魚がいます。
陸の生き物をはるかに上回る大きさの体躯が泳ぎまわる姿を見たとき、
海の広大さを思わずにはいられません。
また、ときに獰猛なお魚がいます。
食物連鎖の頂点に位置するがゆえの、圧倒的な強さを感じます。
そして、ほとんど姿を変えずに、
数億年前から命を受け継いできたお魚もいます。
その体には、生命誕生の神秘や進化の謎がぎっしり詰まっていて、
太古へのロマンを駆り立ててくれます。
水槽のなかでこれらが泳ぐだけで、壮大なスペクタクルが展開されます。
自然界のスケールと、命の力強さを感じてください。

ジンベエザメ

まさに王者の風格！　魚類最大の貫禄を目撃する

ジンベエザメ　テンジクザメ目 ジンベエザメ科

美ら海

1981年に世界で初めて長期飼育に成功。オスの「ジンタ」は飼育18年目で、世界最長記録を更新中

提供／海洋博公園

ここで見る！ ｜のとじま｜海遊館｜いおワールド｜美ら海｜

その大きさといい、ゆったりとした泳ぎといい、「水族館の王者」と呼ぶにふさわしいのが、ジンベエザメです。大きなものでは全長13mの記録があり、堂々の魚類最大級！

サメのなかでもとびきり巨大ですが、実はトラフザメ（19ページ）など、同じテンジクザメ目の仲間は、それほど巨体ではありません。さらに、ほかのテンジクザメ目たちが海底でじっとして暮らしているのに対して、ジンベエザメは海中を泳ぎ回ります。両者を見比べてみると、尾の形が違うのがわかるでしょう。

口の位置にも注目を！　海底付近にいるイカやタコ、小魚を食べるため、口が下向きに付いているのが、テンジクザメ目の特徴。これもジンベエザメだけが、異なります。泳ぐときに口をパカーッと大きく開け、水と一緒にプランク

海遊館

提供：大阪・海遊館

いおワールド

一定期間、飼育した後、衛星発信機を付けて海に放流し、自然界での行動を観察している

立ち泳ぎで食事をする姿が迫力！
高知県に海洋生物研究所を設置し、その生態を独自に調査している

のとじま

近海の富山湾で捕獲されたジンベエザメを長期展示中。
1日2回給餌の様子を公開している

日本でもこの王者に会える水族館があります。各館とも総力をあげて飼育、展示に取り組んでいますが、なかでも「沖縄美ら海水族館」は世界で初めて長期飼育に成功しました。また、ひとつの水槽に3匹を展示しているため注目度も抜群。たくさんの小魚を従えて泳ぐ姿を見ていると、自然の大きさを感じ時間が経つのを忘れます。

トンを飲み込むのです。とてもダイナミックな食事風景は、水族館でも観察できます。

さかなクン "ギョギョ!" POINT

お母さんジンベエザメはお腹で卵を孵化させ、親そっくりの全長約50〜60cmの赤ちゃんを、なんと300匹ほども産むと考えられています。まだ国内外での繁殖例は報告されていませんが、いつか赤ちゃんジンベエザメを見てみたいですね！

Chapter 1

イタチザメ

出会えば喰われる！　サメ界ナンバーワンの暴れん坊

イタチザメ　メジロザメ目 メジロザメ科

美ら海

提供／海洋博公園

海遊館

提供／大阪・海遊館

ここで見る！　美ら海

映画『ジョーズ』の印象が強かったのか、サメは「怖い」生き物と思われています。実際には、ジンベエザメ（14ページ）のようにプランクトンや小魚しか食べないサメや、エビやカニ、小魚しか食べないサメがほとんどです。

しかし、肉食で攻撃性の強いサメもいます。そのひとつがイタチザメ。全長約5mもの巨体で、見るからに獰猛そう。夜行性で、暗闇にまぎれて獲物を狙います。想像しただけで恐ろしい！〝イカモノ喰い〟といわれるほど、何でもかんでもを胃袋に収めます。捕獲された個体のお腹を開くと、イヌやネコの骨から、トナカイの角、カメの甲羅、果ては車のナンバープレイトまでが出てきた記録も！

　そんなサメと水槽を隔てただけの至近距離で向き合い、じっくり観察できるのも水族館の醍醐味のひとつでしょう。大型水槽で飼育されていてもほかのお魚をあまり襲わないのは、毎日決まった時間にエサを与えられお腹が満たされているから。イタチザメの口の中を見る機会があれば、カメの甲羅も砕いてしまうワイルドな歯を確認してください。

Column

メガマウスザメ

頭でっかちで、キャラクターのような愛嬌顔

メガマウスザメ（標本） ネズミザメ目 メガマウスザメ科

美ら海

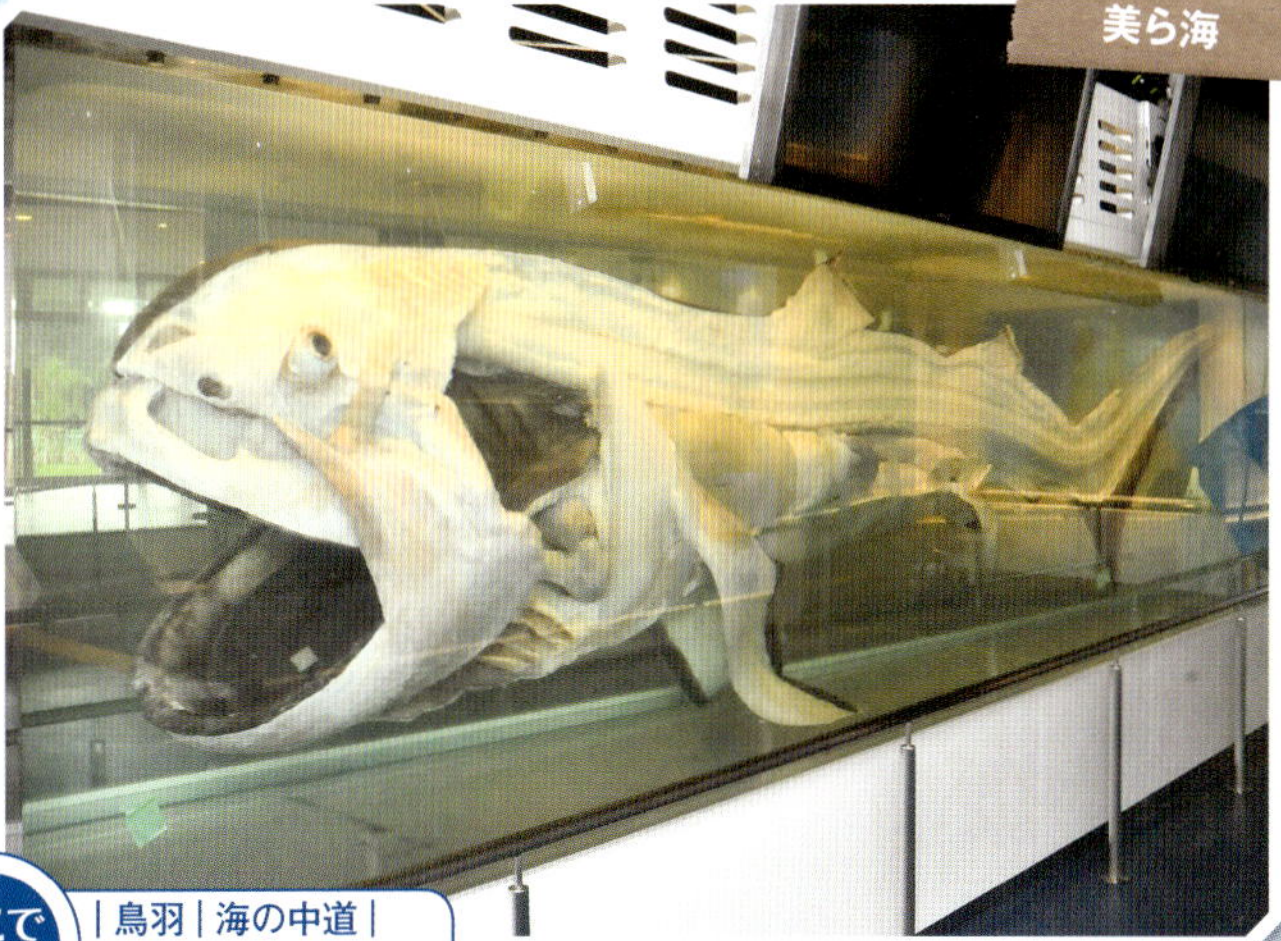

提供／海洋博公園

ここで見る！ ｜鳥羽｜海の中道｜美ら海｜東海大海洋｜

世界で唯一、体の片側だけが解剖されている標本。体の内部構造がよくわかる

鳥羽

提供／鳥羽水族館

5m28cmのメスを、全身ほぼ完全な状態の剥製標本に。メガマウスザメの剥製は、世界に2個体のみというから貴重

メガマウスザメは、大きくてまん丸な形の頭が特徴的。そこに、つぶらな瞳がちょんとあって、口が漫画のようにニーッと横に開いていて、愛嬌ある顔立ちです。全長6mほどの大型種ですが、性質はとても穏やか。大きな口をガバッと開けて、水ごとプランクトン姿は、要チェックです！

このサメは、1976年にハワイ沖で発見されました。ほかのどのサメにも似ていないので、新たな科が設けられ、"メガマウスザメ科"となったのです。とても希少なサメとされていますが、昔から沖合でよく目撃されていたそうです。三重県の漁師さんによると、大きすぎて食用にならないので、網にかかっていても放していたとのことです。捕獲されても飼育できない状態のことがほとんどなので、その生態はいまだ多くの謎を残しています。国内外あわせても水族館で飼育されている例がなく、標本だけでも見る価値は大いにあり！「油壺マリンパーク」のホームページでは、生きているときの映像を観ることができます。ユーモラスでありながら、迫力満点な

超個性派！　不思議な頭でゆらゆら泳ぐ

アカシュモクザメ

アカシュモクザメ　メジロザメ目 シュモクザメ科

提供／葛西臨海水族園

エサを食べる様子を公開しながら、飼育員が詳しい解説も行う

アクアワールド・大洗

サメの飼育種数日本一を誇る。55種400尾を飼育中。解説プログラムも展開している

左右に大きく張り出した頭。シュモクザメを前にすると、誰もが「なぜ、この形に？」と首をかしげたくなります。英語でも〝ハンマーヘッド〟と名付けられています。長らく、これは視野を広げるためなどと考えられてきましたが、サメの仲間の多くは目が小さく、シュモクザメも張り出した頭の端にある目は小さいです。

現在は、獲物を見つけやすくするためという説が有力です。サメは頭の先端部に〝ロレンチーニ器官〟という、電流を感知する器官を持っています。生き物が息をすると微弱な電気が発生しますが、サメはこの器官で電気をキャッチし、獲物の位置を把握──つまりはセンサーの役目なのです。シュモクザメの仲間は頭を幅広くすることで、このセンサーの数を増やしたと推測されています。ロレンチーニ器官は、よーく見れば観察できます。毛穴のように見えるので、水族館でも確認してください。

シュモクザメは泳ぎ方も独特で、頭を振り子のように左右に揺らして泳ぎます。この泳法にも、ハンマーのような頭が役立っているといわれています。

ここで見る！ ｜おたる｜アクアワールド・大洗｜鴨川｜サンシャイン｜品川アクアスタジアム｜箱根園｜のとじま｜あわしまマリン｜名古屋港｜魚っ知館｜海遊館｜宮島｜しまね海洋館｜海の中道｜長崎ペンギン｜美ら海｜

鴨川

宮島

葛西臨海

トラフザメ テンジクザメ目 トラフザメ科

これでジンベエザメにとても近い仲間というから驚き。
水槽の底でじっとしていることが多い

ここで見る！ ｜アクアワールド・大洗｜葛西臨海｜のとじま｜越前松島｜東海大海洋｜名古屋港｜海遊館｜神戸須磨｜しまね海洋館｜海の中道｜うみたまご｜海きらら｜

Column

実はサメじゃない!? チョウザメ 高級食材の産みの親

サメと名付けられていながら、実際にはサメの仲間でないお魚がいます。その代表例が、チョウザメです。卵を加工したキャビアは、高級食材として世界中で愛されています。チョウザメは、軟骨魚類のサメの仲間と違って、硬骨魚類に分類されます。

水族館では、ウロコに注目を。チョウチョウのような独特の形で、名前の由来となっています。おひげのお顔がかわいいですよ！

ここで見る！ ｜千歳サケ｜おたる｜標津サーモン｜美深チョウザメ｜浅虫｜さいたま｜箱根園｜富士湧水の里｜マリンピア日本海｜寺泊｜上越市立｜イヨボヤ会館｜魚津｜森の水族館｜鳥羽｜神戸須磨｜宮島｜しまね海洋館｜高千穂淡水魚｜

チョウザメ チョウザメ目 チョウザメ科

さいたま

水槽ではなく、庭池で飼育。
1m以上の個体を、上から
のぞき込んで観察できる

高千穂淡水魚

宮崎県が新たな
水産種として養殖している
シロチョウザメ

エイの仲間①

海を愛する人たちからの憧れを一身に集めるマンタと、その仲間

ナンヨウマンタ

エイ目 トビエイ科

ダイナミックに舞い泳ぐ姿は、水族館の主役たる存在感たっぷり。遠くから見てもすぐにわかる

品川アクアスタジアム

ここで見る！ ｜品川アクアスタジアム｜海遊館｜美ら海｜

ダイバーが、一度は出会いたいと憧れる〝マンタ〟。オニイトマキエイと、ナンヨウマンタの学名の通称です。現在、日本の水族館で観察できるのはナンヨウマンタで、水槽のなかでも優美に泳ぐ姿を目の当たりにできます。

ナンヨウマンタは、トビエイ科に属しています。まさに飛ぶようにして泳ぐ仲間で、イトマキエイやマダラトビエイなど、水族館の人気者が勢ぞろいしています。

翼のように見えるのは、発達した胸びれです。ナンヨウマンタの場合、その幅は3～5mほどで、オニイトマキエイより少し小柄です。頭から突き出た2本のツノも、ヒレが変形したもので、これが糸巻きの道具に似ているというのが、名前の由来です。

観察してほしいポイントは、まだあります。腹側から見上げると、大きなエラが動いています。さら

イトマキエイ　エイ目 トビエイ科

海遊館

提供／大阪・海遊館

ここで見る！ 海遊館

世界で初めて長期飼育に成功。

口は腹側についている。ナンヨウマンタとの違いをチェック！

美ら海

提供／海洋公園

マダラトビエイ　エイ目 トビエイ科

上越市立

ここで見る！

サンシャイン｜品川アクアスタジアム｜しながわ｜鴨川｜上越市立｜のとじま｜名古屋港｜南知多ビーチ｜碧南海浜｜京都｜海遊館｜神戸須磨｜宮島｜しまね海洋館｜桂浜｜海の中道｜うみたまご｜いおワールド｜美ら海

餌付けのときにダイバーに体当たりして、エサをねだる。水槽で生まれた若いエイの姿も

さかなクン "ギョギョ！" POINT

世界最大級のエイで、"マンタ"と呼ばれる水族館の人気者は、実はオニイトマキエイとナンヨウマンタの2種に分かれることが、最近になってわかりました。ギョギョ！

水族館では、観察できるマンタとない機会を逃さないでください。


に、真正面から向き合ったときは、大きく開いた口の中をのぞき込むチャンスです。ジンベエザメ（14ページ）と同じく、ナンヨウマンタは泳ぎながら口を開け、プランクトンなどを飲み込みます。そのため歯がとても小さくなっているので、口の中にはポカーンとした空間が広がるだけです。

ナンヨウマンタは、どこでも巨大水槽に展示されています。上から下から、そして横から正面から、心ゆくまで眺めてください。

エイの仲間②

海で合うと危険!? 強烈な武器で身を守る

アカエイ　エイ目 アカエイ科

宍道湖ゴビウス

縦長の水槽で展示されているため、水槽にお腹をすりつけるように泳ぐ姿を観察できる

ここで見る!

｜登別ニクス｜浅虫｜男鹿GAO｜加茂｜アクアワールド・大洗｜鴨川｜葛西臨海｜品川アクアスタジアム｜新江ノ島｜マリンピア日本海｜寺泊｜上越市立｜魚津｜のとじま｜越前松島｜伊豆三津｜下田海中｜あわしまマリン｜東海大海洋｜名古屋港｜南知多ビーチ｜竹島｜碧南海浜｜鳥羽｜二見｜京都｜魚っ知館｜海遊館｜神戸須磨｜城崎マリン｜姫路市立｜和歌山県立｜京大白浜｜串本海中｜玉野海洋｜宮島｜しまね海洋館｜宍道湖ゴビウス｜海響館｜なぎさ｜新屋島｜桂浜｜足摺海洋館｜うみたまご｜長崎ペンギン｜海きらら｜すみえファミリー｜

ホシエイ　エイ目 アカエイ科

志摩マリン

2012年5月で飼育26年となる。姿形はアカエイと似ているが、これよりもより大きく成長する

ここで見る!

｜登別ニクス｜浅虫｜男鹿GAO｜加茂｜葛西臨海｜サンシャイン｜新江ノ島｜マリンピア日本海｜上越市立｜魚津｜越前松島｜碧南海浜｜鳥羽｜志摩マリン｜京都｜海遊館｜神戸須磨｜城崎マリン｜和歌山県立｜串本海中｜玉野海洋｜しまね海洋館｜海響館｜うみたまご｜いおワールド｜

海中を飛ぶように泳ぐトビエイの仲間（20ページ）がいれば、アカエイやホシエイ、シビレエイなど海底を這うように泳ぐエイがいます。

海底で暮らすエイも、移動するときは胸ビレを動かします。トビエイの仲間と違って形が丸いので、泳ぐときには胸ビレを波打たせるようにして進みます。

実は、エイとサメはとっても近い仲間で、両者にはいくつか似ているところがあります。

わかりやすいのは、尾の部分です。アカエイやホシエイはスッとした鞭《むち》状で、トビエイの仲間はさらに細く長く伸びています。一方でシビレエイの尾には、背ビレと尾ビレがしっかりとあり、サメと似ています。

自分の身を守る〝武器〟を持った種が多いのも、この仲間の特徴です。アカエイやホシエイの尾を

シビレエイ エイ目 シビレエイ科

沼津港深海

ここで見る！ | 沼津港深海 | 下田海中 | 鳥羽 | しまね海洋館 |

ウチワのような丸い形が、とぼけた雰囲気で愛らしいが…触ると、強烈な電気ショックが！

品川アクアスタジアム

ともにノコギリエイの仲間。
ドワーフの展示は、世界でもここだけ！
エサを食べる様子も公開

品川アクアスタジアム

ドワーフソーフィッシュ

ノコギリエイ目 ノコギリエイ科

グリーンソーフィッシュ

ノコギリエイ目 ノコギリエイ科

ここで見る！ 品川アクアスタジアム | 二見

さかなクン “ギョギョ！” POINT

エイには尾に猛毒の棘をもつ仲間が多くいます。敵から身を守るためとされていますが、漁師さんは獲ってすぐに尾を切り落とし、刺さるのを防ぎます。実はさかなクンもうっかりホシエイのトゲに触れて、刺さったことが！　激痛でした～。

よく見ると、トゲが飛び出ています。これは〝毒棘《どくきょく》〟というもので、刺さると危険です。

シビレエイはその名の通り、電気を放ちます。その電気の強さはおよそ50～60ボルト。さかなクンも触れて大変な電気ショックを受けたことがあります。家庭用のコンセントは100ボルトですから、その強さがわかるでしょう。水族館で観察するのは楽しいですが、自然界で出会ったときには注意しましょうね！

Chapter 1

サケの仲間

知っているようで知らない、身近な魚の泳ぐ姿

標津サーモン

ここで見る!

｜千歳サケ｜おたる｜登別ニクス｜標津サーモン｜オホーツクタワー｜さけ科学館｜マリンピア松島｜加茂｜なかがわ水遊園｜マリンピア日本海｜寺泊｜上越市立｜イヨボヤ会館｜のとじま｜京都｜魚っ知館｜海の中道｜うみたまご｜

サケ　サケ目　サケ科

サケ科魚類の飼育、展示種類数は日本一。季節によっては稚魚も姿を見せる

イトウ　サケ目　サケ科

森の水族館

水槽を二重構造することで、イトウなど大きな魚と、ヤマメなど小さな魚が一緒に泳いでいるように見える

ここで見る!

｜千歳サケ｜おたる｜登別ニクス｜標津サーモン｜美深チョウザメ｜さけ科学館｜マリンピア松島｜かすみがうら｜なかがわ水遊園｜箱根園｜富士湧水の里水族館｜寺泊｜イヨボヤ会館｜魚津｜碧南海浜｜アクア・トトぎふ｜森の水族館｜魚っ知館｜神戸須磨｜

サケの切り身は日常的に目にしても、泳いでいるサケの姿を想像するのは難しいですよね。

若いサケが銀色にキラキラ輝き、群れる姿はとっても美しい光景です。

成長するにつれ、オスとメスの顔に差が現れます。オスは〝鼻曲がり〟といって、口先が大きく曲がり、精悍な顔つきになります。鋭くとがった歯も並び、オス同士で争うとき、これが〝剣〟となるのです。ベニザケやカラフトマスのオスは、背中が大きく張り出します。これは〝盾〟となります。争いに勝ったオスがメスと一緒になって産卵します。

サケに特化した「標津サーモン館」には、国内外併せて30種のサケの仲間がいます。

大きさの違い、顔の違いを見比べると、面白い発見があるかもしれませんよ。

クロマグロ

銀色に輝きながらダイナミックに泳ぐ姿に感動！

Chapter 1

1章 迫力満点！ 圧倒的な存在感を誇るお魚たち

名古屋港
マグロのなかでも大型種。体重が400kgを超えることもあるから、大迫力！

新江ノ島
提供／新江ノ島水族館

葛西臨海
クロマグロ　スズキ目　サバ科

給餌の時間に、クロマグロの体の機能を紹介するガイドを行っている。世界初の水槽内産卵も実現！

提供／葛西臨海水族園

ここで見る！
| 葛西臨海 | 新江ノ島 | のとじま | 名古屋港 | 串本海中 | いおワールド | 美ら海 |

お寿司で大人気のマグロが泳ぐ姿は、どの水族館でも見られるわけではありません。外洋を高速で泳ぎ回るマグロ類を飼うには、巨大な水槽が必要だからです。

また、獲れたマグロ類は、通常は市場に出回ってしまうため、なかなか水族館には入ってくることがありません。

世界で初めて水槽におけるマグロの群泳に成功したのは、「葛西臨海水族園」です。目の前をビュンビュン泳ぎ回る様子は実に壮観です！

夢はさらに広がります。長期飼育、産卵、繁殖……。マグロの生態を明らかにし、子どもを増やすことで、より多くの人に生きたマグロを見てもらうために、水族館の挑戦は続きます。

マグロがきらめきながら泳ぐ姿には、たくさんの人たちの情熱が注ぎこまれているのです。

ひとつひとつの命が輝くスペクタクルな大群ショー

イワシの仲間

マイワシ　ニシン目　ニシン科　名古屋港

約3万5000匹が、エサを求めて
竜巻のような動きを見せる
「マイワシのトルネード」は圧巻！

ここで見る！
｜登別ニクス｜男鹿GAO｜マリンピア松島｜アクアワールド・大洗｜犬吠埼｜葛西臨海｜サンシャイン｜品川｜新江ノ島｜箱根園｜マリンピア日本海｜のとじま｜越前松島｜伊豆三津｜下田海中｜東海大海洋｜名古屋港｜南知多｜碧南海浜｜鳥羽｜海遊館｜神戸須磨｜姫路市立｜和歌山県立｜しまね海洋館｜海響館｜海きらら｜いおワールド｜

何万匹というマイワシが、ひとつの固まりになって大きくうねったり、シャープな動きで一瞬にして水槽を横切ったり……。現在、日本の水族館では、マイワシを大群で飼育し、集団の美しい動きを見せる展示が数多く見られるようになりました。

食卓に欠かせない身近なお魚が、海ではこんなにも大きなスケールで泳ぎ回っている！　その驚きと感動で、思わず見入ってしまうほどです。

自然界でのイワシは、食物連鎖において重要な役割を果たしています。卵やシラスと呼ばれる小さな頃は、クラゲやほかのお魚に食べられ、その後大きくなるまでも、他のお魚や海鳥、さらにはクジラに食べられ……ようやく成魚になれたものだけが、子孫を残すことができるのです。

かつてマイワシは、円柱形の水

新江ノ島

マイワシの水槽では、水中カメラを使用し、お客様が見たいお魚をアップで映す解説ショーを実施

提供／新江ノ島水族館

アクアワールド・大洗

1300tもの大水槽で大群を展示するほか、至近距離で観察できる20tの水槽も用意する

カタクチイワシ　ニシン目　カタクチイワシ科　**うみたまご**

マイワシと比べ口が大きい。同じく大群で泳いで、天敵に襲われると変幻自在に群れの形が変わります

ここで見る！
男鹿GAO｜アクアワールド・大洗｜マリンピア日本海｜下田海中｜名古屋港｜碧南海浜水族館｜姫路市立｜和歌山県立｜宮島｜海響館｜海の中道｜うみたまご｜長崎ペンギン｜

槽で飼育するのが主流でしたが、大型水槽の発展に伴い、大群での展示が実現しました。天敵であるサメ類やカツオなどのお魚と一緒に飼育をすることもあり、イワシ本来の群れの動きを見ることができます。

その壮大な光景に圧倒された後は、イワシ1匹ずつにも注目してください。ウロコのきらめきや、すばやい動き。ひとつひとつの命の集まりが、群れを作っているのだと実感させられます。

さかなクン "ギョギョ！" POINT

さかなクンは最近、カタクチイワシの泳ぎを見てギョギョッと驚きました。尾ビレの動きが、ものすギョくかわいいんです。まるで♡がキュン！　となるようなその動き。教えてくださった「海遊館」のみなさま、ありがとうギョざいました。

アカメ

四万十川の主といわれる、赤い目をした迫力のお魚

アカメ スズキ目　アカメ科

桂浜

飼育数は全国一。そこから30匹ほどを展示する。最長サイズ1m25cm。幼魚との比較展示も

あきついお

1cmほどの幼魚を数年かけて40cmほどに育て、放流するという独自の保護活動も行っている

虹の森公園おさかな館

アカメの研究、繁殖に大きく貢献。最近では、世界で初めてアカメの性転換を確認した

ここで見る!

｜かすみがうら｜なかがわ水遊園｜品川アクアスタジアム｜しながわ｜碧南海浜｜鳥羽｜志摩マリン｜京都｜魚っ知館｜海遊館｜神戸須磨｜和歌山県立｜玉野海洋｜宮島｜新屋島｜虹の森公園おさかな館｜桂浜｜足摺海洋館｜あきついお｜うみたまご｜高千穂淡水魚｜すみえファミリー｜

ルビーのように赤く輝く目を持ち、メヒカリとも呼ばれていますが、標準和名の〝アカメ〟がその特徴を最も言い表しています。盛り上がった背中、突き出た下アゴでお顔も迫力いっぱい！ 成魚は、静岡県から鹿児島県までの西日本沿岸に広く分布します。幼魚は淡水と海水が混ざり合った汽水域《きすいいき》を住処《すみか》とし、特に高知県、四万十川に多く生息しています。

「桂浜水族館」では大きなアカメがたくさん飼育されていますが、展示法がとってもユニーク！ 通常、お魚は光に弱く、カメラで撮影する場合もフラッシュは厳禁！

ところが、同館のアカメの水槽は、脇に懐中電灯が用意されているのです。その名も〝ピカライト〟。これを点灯してアカメの水槽に向けると、真っ赤な目が一斉にギラッ！ 水中での迫力ある生態を、身をもって体験できる好企画です。

岩陰に潜むコワモテナンバーワンなのは、その歯にあり!?

オオカミウオ

オオカミウオ スズキ目 オオカミウオ科

新屋島

新屋島

全身を見られるのは、珍しい。こう見ると、頭でっかちで、意外と愛嬌がある!?

ここで見る!

|おたる|登別ニクス|標津サーモン|オホーツクタワー|浅虫|もぐらんぴあ|マリンピア松島|加茂|しながわ|新江ノ島|箱根園|よしもとおもしろ|のとじま|名古屋港|碧南海浜|志摩マリン|魚っ知館|神戸須磨|城崎マリン|エビとカニ|玉野海洋|宮島|しまね海洋館|海響館|新屋島|海の中道|うみたまご|

浅虫

鋭い歯のほかに、1枚の板のような臼歯があり、これで貝殻や甲羅をすり潰して、飲み込む

名前を裏切らない、コワ～い顔。北海道以北が生息地で、水深50～100mほどの岩礁に身を潜めています。灰褐色の体は、成魚で1mほど。特に大型ではありませんが、体に対して頭が大きいのが特徴といえます。しかもゴツゴツしているから、迫力満点です。

おそろしさを決定づけているのが、歯でしょう。口をぱくぱくと開けて呼吸するときに、上下の歯がのぞきます。すべてが鋭く尖っていて、ホラー映画に出てきそう! これで貝類の貝殻や、エビ、カニなどの甲羅をばりばりと噛み砕き、お腹に収めるのです。イカやタコも餌食となります。

しかし、いかにも悪役といった風情とは裏腹に、じっとしている時間が長く、物静かな性質です。産卵後、卵を体に巻き付けて守る姿は、猛々しい顔とのギャップがあり、愛おしくなります。

アマゾン川を悠々と泳ぐ淡水の古代魚たち

ピラルクー、アロワナ、ガー

ピラルクー

アロワナ目 アロワナ科

なかがわ水遊園

国内最大級のアマゾン大水槽を展開。ピラルクーの姿を360度観察できる。エサの時間を公開

ここで見る!

｜おたる｜浅虫｜男鹿GAO｜マリンピア松島｜かすみがうら｜なかがわ水遊園｜サンシャイン｜しながわ｜箱根園｜足立区｜寺泊｜上越市立｜魚津｜竹島｜アクア・トトぎふ｜鳥羽｜二見｜志摩マリン｜海遊館｜神戸須磨｜宮島｜海響館｜新屋島｜虹の森公園おさかな館｜あきついお｜うみたまご｜いおワールド｜美ら海｜

アリゲーターガー

ガー目 ガー科

いなわしろ

ワニを連想させる、硬質なウロコ。流れが緩やかな場所を好む

ここで見る!

｜浅虫｜マリンピア松島｜いなわしろ淡水魚｜かすみがうら｜犬吠埼マリン｜サンシャイン｜しながわ｜箱根園｜足立区｜上越市立｜竹島｜鳥羽｜姫路市立｜和歌山県立｜宮島｜新屋島｜虹の森公園おさかな館｜あきついお｜うみたまご｜

薄暗い水槽の奥からヌッと姿を現すピラルクー。ウロコの模様と光沢が美しいアロワナの仲間や、細く突き出した口先が特徴的なガーの仲間などと一緒に飼育されているのを多く見かけます。

いずれも淡水に暮らし、古代から綿々と受け継がれてきた特徴をもつお魚です。〝古代魚〟とも言われるように、ヒレやヒゲの動き、泳ぎ方に、太古の面影を残しているのが見どころのひとつです。

ピラルクーは大きなものでは全長4m以上。ガーの一種、アリゲーターガーでも2m近くになります。アマゾン川には、これだけの巨体があちこちで泳ぎ回っているのだから、壮観です。多くの水族館では、その雰囲気をできるだけ模した水槽を構築しているので、自然界の迫力ある光景をイメージしやすいでしょう。

悠々と泳ぐ様子から、おっとり

シルバーアロワナ　アロワナ目 アロワナ科　さいたま

土日の夕方に解説付きで、エサを食べる様子を公開

ここで見る！

｜浅虫｜男鹿GAO｜マリンピア松島｜いなわしろ淡水魚｜かすみがうら｜なかがわ水遊園｜さいたま｜サンシャイン｜しながわ｜すみだ｜箱根園｜富士湧水の里｜寺泊｜上越市立｜魚津｜アクア・トトぎふ｜鳥羽｜二見｜志摩マリン｜神戸須磨｜宮島｜新屋島｜虹の森公園おさかな館｜あきついお｜美ら海｜

スポテッドバラムンディ　アロワナ目 アロワナ科　寺泊

光沢が美しいが、アロワナのなかでも気性が荒い種として知られている

ここで見る！

｜寺泊｜名古屋港｜鳥羽｜あきついお｜

アジアアロワナ　アロワナ目 アロワナ科　ねったいかん

角度によって表情を変えるウロコの美しさは必見！観賞魚としての人気も高い

ここで見る！

｜浅虫｜マリンピア松島｜いなわしろ淡水魚｜かすみがうら｜サンシャイン｜箱根園｜ねったいかん｜足立区｜寺泊｜上越市立｜竹島｜鳥羽｜志摩マリン｜宮島｜新屋島｜あきついお｜高千穂淡水魚｜

さかなクン "ギョギョ！" POINT

古代魚といわれる理由のひとつは、ウキブクロにあります。ピラルクーのそれは肺のような役割をするので、ハイギョの仲間（33ページ）と同じく、ときどき水面から口を出して空気中から酸素を取り込みます。水族館でも必見でギョざいますね。

していると思われがちなピラルクーですが、獲物を見つけるとそれが一変します。瞬発力を発揮して目にも留まらぬ早さで襲いかかり、大きな口を開いて瞬時にかぶりつきます。アゴの力が非常に強く、口を閉じるときは「バクンッ！」という、すさまじい音が聞こえてくるほどです。水族館によってはフィーディングを見学できます。ピラルクーの、俊敏で獰猛な一面を目の当たりにできるチャンスなので、ぜひ見学を。

ピラニアの仲間

仲間同士も喰い合うほどのすさまじい食欲

ピラニア・ナッテリー カラシン目 カラシン科

上越市立

ぎょぎょランド

エサの時間を公開するのは、ピラニア展示の定番。エサに一斉に群がる光景は圧巻だ

ここで見る!

|おたる|男鹿GAO|マリンピア松島|いなわしろ淡水魚|かすみがうら|なかがわ水遊園|犬吠埼マリン|しながわ|箱根園|足立区|寺泊|上越市立|越前松島|ぎょぎょランド|アクア・トトぎふ|鳥羽|志摩マリン|海遊館|神戸須磨|宮島|桂浜|うみたまご|

あきついお

ダイヤモンド・ピラニア

カラシン目 カラシン科

ナッテリーよりも銀色がかっている。縄張り意識がとても強い

ここで見る!

あきついお

ピラニア。その名前を聞いただけで、獰猛なイメージが浮かぶのではないでしょうか。体長30㎝ほどの小さなお魚であるにもかかわらず、凄みを感じさせてくれます。

水族館で飼育されているのは、南アメリカ北部を原産地とするピラニア・ナッテリーが主流です。うっすら赤い腹部、出っ張ったおでこと、ギョロリとした目、小さな口が特徴的。ずんぐりしているのは、水族館ではふんだんにエサが与えられているためです。

食欲旺盛なピラニアは、空腹を感じると、仲間にも容赦なく襲いかかります。その際に血が流れると、周囲の仲間も反応し、壮絶な喰い合いが始まります。そんな惨状を避けるため、ピラニアは満腹状態でキープさせておかなければなりません。つまり、水族館のピラニアは、自然界に生きる仲間よりも、ちょっとメタボなのです。

1章
迫力満点！　圧倒的な存在感を誇るお魚たち

Chapter 1

ハイギョの仲間

海から陸へ。進化の謎を解き明かす鍵となる

サンピアザ

オーストラリアハイギョ

ネオケラトドゥス・フォルシテリ

ケラトドゥス目 ケラトドゥス科

オーストラリアの中のクイーンズランド州南東部メアリー川、バーネ ット川水系にしか生息しない

ここで見る！ |サンピアザ|浅虫|マリンピア松島|かすみがうら|名古屋港|鳥羽|志摩マリン|神戸須磨|宮島|海響館|

アフリカハイギョ

プロトプテルス・ドロイ

レピドシレン目 プロトプテルス科

ザイール出身。おとなしい性質で、ゆっくり成長する

ここで見る！ |浅虫|マリンピア松島|箱根園|足立区|寺泊|上越市立|魚津|沼津港深海|竹島|アクア・トトぎふ|神戸須磨|しまね海洋館|新屋島|あきついお|海の中道|むつごろう水族館|高千穂淡水魚|すみえファミリー|

あきついお

沼津港深海

プロトプテルス・アネクテンス

レピドシレン目 プロトプテルス科

青い目が印象的！
西アフリカに生息し、
体長は60 ～ 80cmほど

淡水で暮らすハイギョの仲間は、生物の進化を知るうえで重要な存在。エラだけでなく、肺も持っているからです。なぜ水中の生き物なのに、肺があるのでしょう？

ハイギョは雨期と乾期がある地域に生息していますが、乾期で水が干上がったとき、泥のなかにもぐって〝夏眠〟をします。そのときには空気を吸い、肺で酸素を取り込むのです。水中にいるときも、時おり水面から口を出し、空気を吸います。水族館では見逃さないようにしたいものです。

ヒレの動きにも注目を。〝肉鰭《にくき》〟と呼ばれる、肉の支えがある胸ビレと腹ビレが1対ずつあります。シーラカンス（42ページ）にも見られる特徴です。この4つのヒレを、あたかも前脚と後脚のように交互に動かして泳ぎます。ここから陸の四つ足動物へと進化したと考えられています。

オウムガイ

生きた化石の正体は、貝ではなく○○の仲間!?

オウムガイ オウムガイ目 オウムガイ科

鴨川

ここで見る!

|おたる|登別ニクス|浅虫|かすみがうら|鴨川|すみだ|箱根園|寺泊|越前松島|沼津港深海|名古屋港|竹島|鳥羽|志摩マリン|京都|神戸須磨|玉野海洋|宮島|しまね海洋館|桂浜|海の中道|

箱根園

「生きた化石」同士として、カブトガニと同じ水槽内で展示

桂浜

直接、殻に触れることができる

4億5000万年前〜5億年前に誕生。そこから姿をほとんど変えずに生きてきました。カブトガニと同じく「生きた化石」です。「カイ」と名前がついていますが、オウムガイはイカの仲間です。大きな貝がらで身を守っていますが、その端から100本以上の触手が出ているのが水族館でも確認できるでしょう。その近くに〝ろうと〟といわれる、短いホースのような器官があります。ここから水をビュッと吹き出して直進的に移動するのです。

オウムガイはまさに化石よろしく、じっとしているイメージがあります。夜行性だからです。水族館によっては、夜に開館する特別企画を実施しているところがあります。そのときに見学すると、泳いだり、お互いに体をカツーンカツーンとぶつけ合う活発な姿が見られるかもしれません。

1章
迫力満点！ 圧倒的な存在感を誇るお魚たち

Chapter 1

カブトガニ

砂のうえを、古代の姿で這い回る。つがいの仲良さもチェック！

カブトガニ カブトガニ目 カブトガニ科

海きらら

九十九島のカブトガニを成体〜幼生まで展示。剥製なども使い、その生態をわかりやすく解説する

提供／九十九島水族館「海きらら」

ここで見る！
｜おたる｜登別ニクス｜もぐらんぴあ｜かすみがうら｜犬吠埼マリン｜すみだ｜新江ノ島｜箱根園｜よしもとおもしろ｜寺泊｜上越市立｜越前松島｜竹島｜鳥羽｜志摩マリン｜姫路市立｜玉野海洋｜宮島｜海響館｜なぎさ｜新屋島｜海の中道｜うみたまご｜長崎ペンギン｜海きらら｜

海響館

下関の干潟を再現した水槽で展示。オスがメスの体に必死にしがみつく様子を観察できる

もぐらんぴあ

アメリカカブトガニ。2011年の東日本大震災での津波被害を生き残った

ヘルメットのような甲羅から「カニ」と名付けられていますが、これをひっくり返すと5対の脚がぎっしり詰まっていて迫力満点！ クモやサソリの仲間に近いというのも納得です。２億年前の姿のまま、現代を生きています。

カブトガニの目はどこにあるのでしょう？ まず、甲羅の左右に1対の複眼。そして、甲羅の前側を観察すると、２個の点があるのに気付きます。これも単眼という目なのです。昆虫のような〝複眼〟を持つのも、古代からの特徴です。

また、水族館では大きさの違うカブトガニが２匹、電車の車両のように連結している姿を見かけることがあります。これは、つがいです。産卵するまで、ずっとくっついて過ごす仲良し夫婦です。

そんな光景を見ることができたら、きっとみんな仲よしになれそうですね。

ウツボ

岩陰からヌッと強面をのぞかせる〝海のギャング〟の真の姿は!?

提供／新江ノ島水族館
新江ノ島

ニセゴイシウツボ

ウナギ目 ウツボ科

水族館で最もよく見られるウツボ。大きなものだと2mを超える。その太い胴周りに注目！

ここで見る!

｜おたる｜登別ニクス｜浅虫｜男鹿GAO｜マリンピア松島｜アクアワールド・大洗｜鴨川｜葛西｜サンシャイン｜しながわ｜すみだ｜寺泊｜上越市立｜魚津｜東海大海洋｜名古屋港｜南知多ビーチ｜碧南海浜｜鳥羽｜志摩マリン｜京都｜海遊館｜神戸須磨｜城崎マリン｜和歌山県立｜京大白浜｜串本海中｜エビとカニ｜玉野海洋｜宮島｜しまね海洋館｜海響館｜新屋島｜桂浜｜足摺海洋館｜海の中道｜うみたまご｜すみえファミリー｜いおワールド｜美ら海｜

鴨川

〝海のギャング〟と呼ばれるウツボ。ニセゴイシウツボは体長が2mほどになることもあるうえに、いつも口をパクパクさせていて、その隙間から鋭い歯がギラッ！迫力満点ですが、実際はどれほど怖～い存在なのでしょう？

　ウツボの住処は、岩の陰。アワビやサザエがひそんでいる場所でもあります。ダイビングなどで海に潜った人が、「おいしい貝がいるかも……」と思って岩と岩の間に手をさし込むと、ウツボは「何かが襲ってきた！」と大慌て。怖い顔で威嚇して、それでも手が引っ込まなかったら、焦ってガブッと噛みつきます。ウツボはとても繊細な性格です。こちらから驚かさなければ何もしません。

　口をパクパクしているのにも、理由があります。お魚は口に入れた水から酸素を取りこみ、〝エラぶた〟を開けて水をブワッと排出

ゼブラウツボ　ウナギ目 ウツボ科　　玉野海洋

鮮やかなシマ模様が、シマウマみたい！ サンゴ礁域や岩礁域に生息

ここで見る！
｜男鹿GAO｜箱根園｜魚津｜沼津港深海｜エビとカニ｜玉野海洋｜海響館｜海の中道｜うみたまご｜美ら海｜

トラウツボ　ウナギ目 ウツボ科　　足立区

アゴの形がゆがんでいるため、口を閉じることができないのも、ウツボの仲間の特徴

ここで見る！
｜おたる｜男鹿GAO｜アクアワールド・大洗｜サンシャイン｜品川アクアスタジアム｜すみだ｜しながわ｜新江ノ島｜相模川ふれあい｜よしもとおもしろ｜足立区｜上越市立｜魚津｜のとじま｜越前松島｜沼津港深海｜あわしま｜名古屋港｜碧南海浜｜鳥羽｜二見｜志摩マリン｜京都｜海遊館｜神戸須磨｜城崎マリン｜和歌山県立｜京大白浜｜串本海中｜くじらの博物館｜エビとカニ｜玉野海洋｜宮島｜海響館｜新屋島｜桂浜｜足摺海洋館｜海の中道｜うみたまご｜長崎ペンギン｜いおワールド｜

さかなクン "ギョギョ！" POINT

怖いイメージのウツボですが、好奇心旺盛で、水槽の前で見つめていると「何だろう？」と近づいてくる仲間もいます。「新江ノ島水族館」では、大水槽に潜った飼育員さんが、ウツボを抱えることも…。まん丸お目々が、かわいく見えてきますよ！

します。エラぶたは両目の隣にあり、たいていのお魚はこれが大きくできていますが、ウツボのそれはとても小さいのです。エラから水が少しずつしか出て行かないので、ウツボはほかの魚と比べて呼吸をするのが大変。「はむっ、はむっ」と一所懸命なのです。

さらに、ウツボの目をよく見てください。つぶらで、まんまるな瞳。繊細で不器用で、かわいい目を持つウツボ、実態は"ギャング"とはほど遠いですね。

毒を持つお魚たち

自分の身は、自分で守る。でも、水族館では要注意！

あきついお

ハコフグ

フグ目 ハコフグ科

あきついお

漁師が誤って生簀に入れ、中にいるほかのお魚が全滅する、という事故もまれにあるそう

ここで見る！

｜もぐらんぴあ｜マリンピア松島｜葛西臨海｜品川アクアスタジアム｜新江ノ島｜よしもとおもしろ｜マリンピア日本海｜越前松島｜沼津港深海｜下田海中｜あわしまマリン｜竹島｜碧南海浜｜志摩マリン｜京都｜魚っち館｜神戸須磨｜和歌山県立｜京大白浜｜串本海中｜くじらの博物館｜しまね海洋館｜宍道湖ゴビウス｜海響館｜虹の森公園おさかな館｜桂浜｜あきついお｜海の中道｜海きらら｜

キタマクラ

フグ目 フグ科

英名「シャープノーズパッファー」。とがった鼻（シャープノーズ）のフグ（パッファー）と呼ばれる

くじらの博物館

ここで見る！

｜もぐらんぴあ｜鴨川｜サンシャイン｜すみだ｜新江ノ島｜よしもとおもしろ｜マリンピア日本海｜沼津港深海｜下田海中｜あわしまマリン｜竹島｜碧南海浜｜鳥羽｜京都｜和歌山県立｜京大白浜｜くじらの博物館｜海響館｜新屋島｜虹の森公園おさかな館｜桂浜｜海きらら｜

お魚の毒は、身を守るためにあります。

毒を持つお魚としてよく知られているのは、フグの仲間です。食べるとおいしいフグですが、調理方法がまだ未発達ゆえによく死者が出ていたことから、食用が禁止されていた時代もありました。

フグの仲間は毒を持つ部位も、毒の種類もそれぞれ異なります。ハコフグの仲間は〝パフトキシン〟を、体の表面に持っています。この毒を出すのは、天敵に襲われたとき！ くわえた瞬間に苦い毒が口に入るので、敵は「うぇ〜」とフグごと吐き出し、その隙にフグはササッと逃げます。

自然界では、フグが命拾いをしてメデタシメデタシですが、水族館の水槽内ではとんでもない事件になります。毒が薄まらず、いつまでも漂っているため、ほかのお魚までが死んでしまうのです。

1章 迫力満点！ 圧倒的な存在感を誇るお魚たち

箱根園

アゴハタ スズキ目 ハタ科
さかなクンが飼育していたアゴハタは、食べ過ぎで体調を崩し、毒を放出したことがあるとか……

ここで見る！｜箱根園｜沼津港深海｜東海大海洋｜美ら海｜

マリンピア日本海

ヌノサラシ スズキ目 ハタ科
この仲間が出す"グラミスチミン"という毒は、苦いニオイがする。味も苦いが、なめるのは危険！

ここで見る！｜マリンピア日本海｜沼津港深海｜東海大海洋｜竹島｜志摩マリン｜和歌山県立｜串本海中｜いおワールド｜

京大白浜

キハッソク スズキ目 ハタ科
漢字で書くと「木八束」。煮炊きするのに木を8束使っても、おいしくならないのが名前の由来

ここで見る！｜魚津｜越前松島｜あわしまマリン｜京都｜魚っ知館｜和歌山県立｜京大白浜｜串本海中｜玉野海洋｜しまね海洋館｜海響館｜桂浜｜海きらら｜

同じく体表から毒性の粘液を出す魚に、ヌノサラシ、キハッソク、アゴハタなど、ハタ科の仲間がいます。これらの毒は"グラミスチミン"といって、とても苦い臭いがします。粘液がぶくぶくと泡立つことから"石鹸魚（ソープフィッシュ）"と呼ばれることもあります。いずれのお魚も、天敵から襲われたり、健康状態が悪くなったりしなければ、毒を出すことはありません。だから、水族館ではとても大事に育てられています。

さかなクン"ギョギョ！"POINT
キタマクラという、おそろしげな名前のフグがいます。食べて中毒を起こすと命に関わり、北枕に寝かされてしまうことがありますよ！ という意味です。フグの毒はとても危険なので、食べるときは必ず専門の調理師さんにお任せしましょうね。

さかなクン コラム 1

動かないお魚、標本とじっくり向き合おう

　さかなクンは、水族館で初めてマンボウを見たときの衝撃を、いまでも忘れられません。巨大で薄暗い水槽に、ぼんやりと浮かぶマンボウ。微動だにせず、何度訪れて見ても同じ顔。幼心にはとても不気味に感じられました。それはなんと！　ホルマリンに浸けられた標本マンボウだったのです。

　水族館の主役はもちろん、命のきらめきを見せてくれる生き物たち。でも、たまにはぴくりとも動かない生き物にも注目してみませんか？　さかなクンも、いまとなってはその魅力がよくわかります。

　標本は大きく3つに分けられます。ホルマリンを使用した液浸《えきしん》標本、骨格標本、そして剥製《はくせい》標本。お魚が剥製標本にされることは少ないですが、液浸標本はそれぞれの生き物が生きていたときの姿形を観察できますし、大型生物の骨格標本からは、その迫力があますところなく伝わってきま

シャチ　鯨偶蹄目 マイルカ科

ショーでも人気の海の王者（109ページ）の骨格標本。その大きさにまずは驚く。同コーナーで泳ぎ方など、シャチの生態を徹底解説

メンダコ　八腕形目 メンダコ科

深海に住むタコの剥製標本。まん丸の形がかわいらしくマニアックな人気を集めるが、捕獲されても長期間生き延びることは、まずない

名古屋港

す。

標本で展示されているものの多くは、長期飼育が難しい希少生物です。メガマウスザメ（17ページ）、チョウチンアンコウ（83ページ）、リュウグウノツカイ（85ページ）、メンダコ……。いずれの生き物も、その生態を明らかにし、いつの日か長期飼育の夢を実現するための研究材料にもなる、貴重な存在というわけです。水中ではどんなふうに泳いでいるのか、どうやって獲物を捕らえているのか。標本に出会ったときには、じっくりと向き合い、想像の羽を広げてみてください。

水族館の飼育員のみなさまにも、個性があります。繁殖に燃えている人、長期飼育に熱心な人、海獣のショーに情熱を傾ける人、そして、標本の製作に喜びを感じる人。それぞれのキャラクターが、水族館全体を特色づけることもあります。標本が多く展示されている水族館は、裏方に研究熱心な飼育員さんがいるということでギョざいますね。

箱根園

リーフィーシードラゴン

トゲウオ目 ヨウジウオ科

希少な生物（96ページ）の透明骨格標本。硬骨のみを染色して、骨格を明らかにする。ひらひらの服を脱ぎ捨て、裸になったみたい!?

名古屋港

ムラサキホシエソ

ワニトカゲギス目

ワニトカゲギス科

深海に住む、珍しい硬骨魚類の剥製標本。体長は10cmほどと小さいが、上下のアゴに、鋭くとがった歯が生えていて獰猛な印象！

動かないからこそ、
生き物の姿をよりじっくり
観察できるよ！

Column

シーラカンス

超貴重！　数億年前から姿を変えない古代からの使者を、標本で観察

シーラカンスの住むコモロ諸島の深海の世界を忠実に実現している

シーラカンス(標本)
シーラカンス目

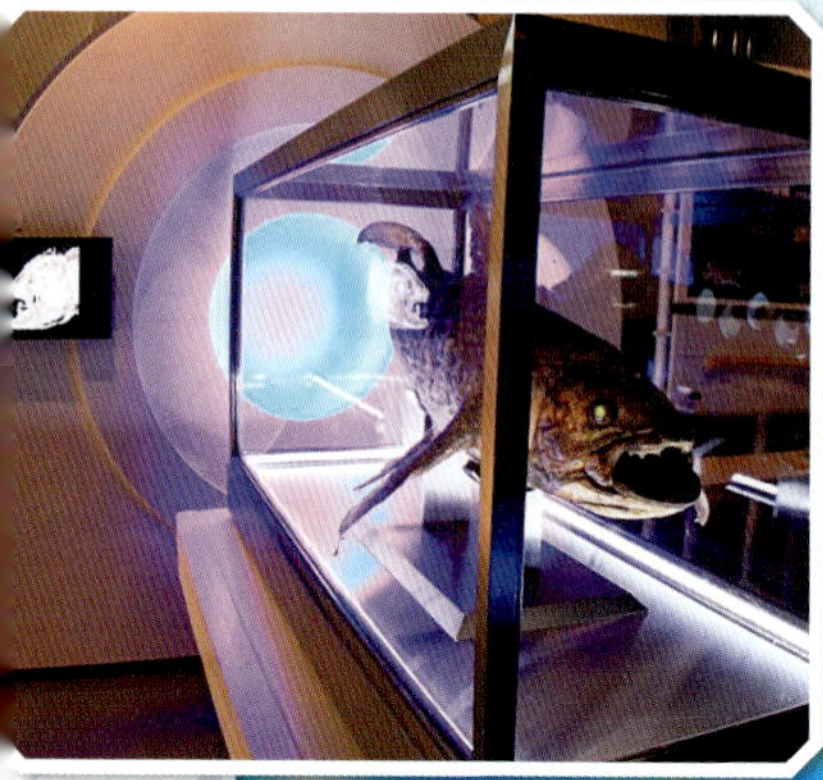
冷凍標本２体、剥製標本3体を惜しげもなく展示。ウロコのギラッとした質感に目を見はる

ここで見る！ | 沼津港深海 | 海響館 |

約３億７０００万年前の海で泳いでいた魚、シーラカンス。６５００年ほど前に絶滅したとされていたこのお魚を、１９３８年に南アフリカで女性研究者が発見したときには、世界が驚く大ニュースとなりました。

〝生きた化石〟をいつか自分の館で泳がせたい――飼育員なら誰でも夢見ることでしょう。発見されている個体数が少なく、ワシントン条約で国際間の取引が厳しく規制されているため、簡単に実現することではありません。しかし、標本を展示している水族館は、国内にもあります。２m近くのずっしりとしたボディに、ぎらっと輝くウロコ、特徴的な胸ビレと腹ビレ。ほかのどのお魚にも似ていない独特の姿に、古代へのロマンを駆り立てられます。３６０度、じっくり眺め回してください。

Chapter 2

神秘的な水中世界に うっとり！ 美しくて優雅なお魚たち

水槽をのぞき込むと、極彩色のお魚が群れています。
ひとつひとつのウロコが放つきらめきが宝石のようで、見とれてしまいます。
また別の水槽では、美しいヒレをたなびかせながら、
エレガントに泳ぐお魚がいます。暗闇のなかで神秘的な光を放つお魚や、
消えてしまいそうなほど透明で、
そのはかなさに見ていて切なくなる生き物がいます。
なぜこんな形を選んだのか？　どうしてそんなに優雅な動きをするのか？
人の目から見た美しさも、お魚たちにとっては、身を守るための術であり、
獲物を獲るための手段でもあります。
神秘的な姿にひそむ、生きるための知恵を目撃してください。

ベラの仲間

見た目も動きもエレガントで、観賞魚としても大人気！

鴨川

遠目で見ても美しいが、近くで見ると別の味わいがある。不思議な色合いと模様が魅力だ

ナポレオンフィッシュ
（メガネモチノウオ） スズキ目 ベラ科

ここで見る！

｜おたる｜登別ニクス｜男鹿GAO｜マリンピア松島｜アクアワールド・大洗｜鴨川｜葛西臨海｜品川アクアスタジアム｜しながわ｜すみだ｜新江ノ島｜箱根園｜よしもとおもしろ｜ねったいかん｜マリンピア日本海｜上越市立｜のとじま｜越前松島｜鴨川｜伊豆三津｜名古屋港｜碧南海浜｜鳥羽｜京都｜海遊館｜城崎マリン｜串本海中｜宮島｜新屋島｜桂浜｜足摺海洋館｜うみたまご｜美ら海｜

複雑な模様と美しい色合いとが印象的なベラの仲間。なかでも王様と呼ばれるべき存在は、ナポレオンフィッシュでしょう。体長は最大2m。インド洋から太平洋にかけて広く分布していますが、和歌山県や沖縄県の近海にも生息し、メガネモチノウオという和名もあります。大型水槽を悠々と泳ぐ姿は堂々としたもの。いつまでも目で追ってしまいます。

コブダイも同じく大型のベラですが、見た目の印象は正反対です。成長したオスはコブが大きく張り出し、なんともイカつい顔つき！縄張りを守るため、意中のメスを手に入れるため、オス同士が出会うと激しい争いが繰り広げられることから、よほどの大型水槽でないかぎりは、各水槽に1匹ずつしか飼育されません。

大きくなるとメスからオスに性転換をする、ベラの仲間。勇まし

なぎさ

コブダイ　スズキ目 ベラ科

一般公募で名付けられた「コブ平」は、こう見えて水族館のアイドル的存在！

ここで見る！
｜浅虫｜男鹿GAO｜アクアワールド・大洗｜鴨川｜サンシャイン｜品川アクアスタジアム｜新江ノ島｜箱根園｜マリンピア日本海｜上越市立｜魚津｜のとじま｜越前松島｜伊豆三津｜下田海中｜東海大海洋｜名古屋港｜竹島｜鳥羽｜海遊館｜城崎マリン｜姫路市立｜和歌山県立｜宮島｜しまね海洋館｜海響館｜なぎさ｜海の中道｜うみたまご｜海きらら｜

海遊館

大型水槽をパトロールするかのように遊ぐ。水底や壁にもたれて体を休める姿も見られる

提供／大阪・海遊館

ここで見る！
｜浅虫｜男鹿GAO｜アクアワールド・大洗｜なかがわ水遊園｜鴨川｜葛西臨海｜サンシャイン｜しながわ｜新江ノ島｜マリンピア日本海｜寺泊｜上越市立｜魚津｜のとじま｜越前松島｜伊豆三津｜沼津港深海｜下田海中｜あわしまマリン｜東海大海洋｜名古屋港｜竹島｜碧南海浜｜アクア・トトぎふ｜鳥羽｜二見｜志摩マリン｜魚っ知館｜海遊館｜城崎マリン｜姫路市立｜和歌山県立｜京大白浜｜串田海中｜玉野海洋｜宮島｜しまね海洋館｜宍道湖ゴビウス｜海響館｜なぎさ｜桂浜｜海の中道｜海きらら｜

宮島

キュウセン
スズキ目 ベラ科

小さいながらカラフルで美しい。水槽に砂を深く敷くことで、砂に潜る姿を観察できる

東海大海洋

提供／東海大学海洋科学博物館

キツネベラ
スズキ目 ベラ科

小笠原諸島などの岩礁に多く生息している。尾の黒いまだら模様が特徴的

ここで見る！
｜すみだ｜美ら海｜

さかなクン "ギョギョ！" POINT

コブダイのコブは、メスからオスに大変身すると出てくるものです。有名な、佐渡の「弁慶」さんというコブダイに会ったときは、その迫力と見事な求愛ダンスにものすギョく感動しました！　元はメスだったのでメスの気持ちがわかるのかなぁ。

い姿のコブダイも、産まれたときはメスです。こうして次世代へと命をつなぎます。

　ベラの仲間の多くは、胸ビレを左右別々に動かして泳ぎます。鳥が空を飛んでいるような、エレガントな動きです。そして、目が絶えずキョロキョロ動いています。その色にも注目を。青や緑に輝き、宝石のよう。観察すればするほど、見ための美しさだけでなく、泳ぎなど身のこなしの優雅さも愛されていることがよくわかります。

チョウチョウウオの仲間

そっくりだけど、ちょっとずつ違う。見分けるのが楽しくなる！

フウライチョウチョウウオ

スズキ目 チョウチョウウオ科

宮島

浅いサンゴ礁や岩礁域に生息する。トゲチョウチョウウオと似ている

ここで見る！

｜登別ニクス｜浅虫｜アクアワールド・大洗｜鴨川｜サンシャイン｜品川アクアスタジアム｜新江ノ島｜箱根園｜寺泊｜京都｜魚っ知館｜海遊館｜京大白浜｜宮島｜長崎ペンギン｜いおワールド｜美ら海｜

トゲチョウチョウウオ

スズキ目 チョウチョウウオ科

マリンピア松島

水槽面に透過性カッティングシートを貼り、水中の色を再現。海のなかのリアルな光景を体感できる

ここで見る！

｜おたる｜登別ニクス｜浅虫｜マリンピア松島｜アクアワールド・大洗｜犬吠埼マリン｜葛西臨海｜サンシャイン｜品川アクアスタジアム｜しながわ｜すみだ｜新江ノ島｜箱根園｜よしもとおもしろ｜ねったいかん｜マリンピア日本海｜寺泊｜上越市立｜越前松島｜あわしまマリン｜東海大海洋｜名古屋港｜南知多ビーチ｜竹島｜鳥羽｜志摩マリン｜京都｜魚っ知館｜海遊館｜和歌山県立｜串本海中｜玉野海洋｜宮島｜しまね海洋館｜海の中道｜うみたまご｜長崎ペンギン｜いおワールド｜美ら海｜

ミスジチョウチョウウオ

スズキ目 チョウチョウウオ科

体の側面に、紫色の細い縦線が多数走る

竹島

ここで見る！

｜アクアワールド・大洗｜マリンピア日本海｜すみだ｜名古屋港｜竹島｜京都｜魚っ知館｜玉野海洋｜海の中道｜美ら海｜

チョウチョウウオの仲間は白、黄、黒からなる、はっきりとした体色でもって、水槽のなかでも一際目立つ存在です。横に薄い体と、ツンッと尖った口も愛らしく、常に高い人気を誇ります。

ところが、鑑賞するうえで困ったことがひとつ……。それぞれの種の区別が、付きにくいのです。ほとんど同じ形をしているため、もし消しゴムで色や模様を消したら、どのチョウチョウウオかを見極めるのは、専門家でも難しい！

重要なのは、色と模様です。お魚たち自身も、このふたつの要素を見分けて、「真っ白い体に斜めの縞があるから、あれは自分と同じアケボノチョウチョウウオ」「黄色地に黒の横線が多いミスジチョウチョウウオは、別の仲間だ」と認識します。そして、できるだけ同種の仲間と集まり、他種と交雑しないように気をつけているので

葛西臨海

ここで見る！
｜アクアワールド・大洗｜葛西臨海｜サンシャイン｜海遊館｜

大型のチョウチョウウオで体長が20cmを超えることもある。黄色に青色がさし込んで、幻想的な美しさ

提供／葛西臨海水族園

ゴールデンバタフライフィッシュ

スズキ目 チョウチョウウオ科

チョウチョウウオ

スズキ目 チョウチョウウオ科

体全体が黄色っぽく、側面には濃い色の縦線が入る。まずは、この模様から覚えて、比較するとよい

玉野海洋

ここで見る！
｜おたる｜登別ニクス｜浅虫｜もぐらんぴあ｜鴨川｜品川アクアスタジアム｜新江ノ島｜箱根園｜マリンピア日本海｜上越市立｜伊豆三津｜沼津港深海｜東海大海洋｜名古屋港｜碧南海浜｜鳥羽｜志摩マリン｜京都｜魚っ知館｜かわいい水族館｜神戸須磨｜城崎マリン｜姫路市立｜和歌山県立｜京大白浜｜串本海中｜玉野海洋｜宮島｜しまね海洋館｜海響館｜桂浜｜足摺海洋館｜海の中道｜うみたまご｜海きらら｜いおワールド｜美ら海｜

おたる

アケボノチョウチョウウオ

スズキ目 チョウチョウウオ科

体の側面に、黒い線が斜めに走っているのが特徴

ここで見る！
｜おたる｜浅虫｜アクアワールド・大洗｜鴨川｜犬吠埼マリン｜サンシャイン｜品川アクアスタジアム｜しながわ｜新江ノ島｜箱根園｜マリンピア日本海｜寺泊｜上越市立｜あわしまマリン｜東海大海洋｜名古屋港｜碧南海浜｜鳥羽｜志摩マリン｜京都｜魚っ知館｜海遊館｜城崎マリン｜串本海中｜宮島｜海の中道｜いおワールド｜美ら海｜

さかなクン “ギョギョ！” POINT

チョウチョウウオの仲間は、昼と夜の姿が違います。夜に観察するとギョギョびっくり！　同じお魚とは思えません。色がくすみ、背の立派な棘を立てています。くすんだ色で背景にとけ込み、棘で身を守りながら、底のほうでじっと眠ります。

す。まれに間違って異種同士が交尾することもありますが、ハイブリッドで生まれた個体は、1世代かぎりで途絶えてしまいます。

　チョウチョウウオの仲間は100種類以上存在しますが、ひとつひとつの種における個体数はそれほど多くはありません。だからこそ、出会いは無駄にできません。確実にオスとメスのつがいになれるよう、どちらにもすぐ性転換できるようになっているのも、大きな特徴です。

ゴンベの仲間

子どものように、無邪気でかわいい！

マリンピア日本海

ここで見る！

｜おたる｜登別ニクス｜男鹿GAO｜アクアワールド・大洗｜なかがわ水遊園｜鴨川｜サンシャイン｜品川アクアスタジアム｜しながわ｜すみだ｜よしもとおもしろ｜マリンピア日本海｜あわしまマリン｜碧南海浜｜海遊館｜しまね海洋館｜新屋島｜海の中道｜いおワールド｜美ら海｜

クダゴンベ

スズキ目 ゴンベ科

つがいで行動することが多く、見ていると温かい気持ちになる

Chapter 2

ルックダウン

キラキラまばゆく群遊するシルバーの魚

ルックダウン

スズキ目 アジ科

浅虫

ウロコがなく、角度によって表情が変わるのも、見ていて飽きない理由のひとつ

ここで見る！

｜浅虫｜アクアワールド・大洗｜葛西臨海｜サンシャイン｜品川アクアスタジアム｜上越市立｜志摩マリン｜

Chapter 2

ヒフキアイゴ

体の黒い斑点模様で個性をアピール

うみたまご

ヒフキアイゴ

スズキ目 アイゴ科

ここで見る！

｜おたる｜登別ニクス｜浅虫｜男鹿GAO｜アクアワールド・大洗｜なかがわ水遊園｜鴨川｜サンシャイン｜品川アクアスタジアム｜しながわ｜すみだ｜新江ノ島｜箱根園｜足立区｜マリンピア日本海｜寺泊｜上越市立｜魚津｜越前松島｜伊豆三津｜あわしまマリン｜東海大海洋｜名古屋港｜南知多ビーチ｜竹島｜碧南海浜｜鳥羽｜二見｜志摩マリン｜京都｜魚っ知館｜海遊館｜かわいい水族館｜和歌山県立｜玉野海洋｜宮島｜しまね海洋館｜虹の森公園おさかな館｜桂浜｜海の中道｜うみたまご｜長崎ペンギン｜いおワールド｜美ら海｜

ここで見る！

アクアワールド・大洗｜鴨川｜葛西臨海｜品川アクアスタジアム｜しながわ｜東海大海洋｜名古屋港｜南知多ビーチ｜鳥羽｜二見｜京都｜しまね海洋館｜海響館｜新屋島｜海の中道｜長崎ペンギン｜いおワールド｜美ら海

メガネゴンベ
スズキ目 ゴンベ科

**サンゴのあいだから、ユニークな顔を出す。
体色は赤っぽいものから、灰褐色のものまで幅広い**

南知多ビーチ

赤と白のチェック柄がファッショナブル！水深10〜40mの岩礁に住むクダゴンベは、細長い体型、長く伸びた口といった、ほかのゴンベにはない特徴を持っています。しかし、1本だけ長く飛び出した背ビレが、仲間であることを証明しています。"ゴンベ"は、幼い子どもの意味。この長い背ビレが、昔の子どもの髪型に見えたようです。キョロキョロ動く目も、好奇心いっぱいの子どもそっくりで、愛しさをくすぐられます。

サンシャイン

「見下ろす」という名がついたルックダウン。体はメタリックな銀。群れを作り、光を反射させながら泳ぐ姿に惹きつけられます。正面から見ると薄っぺらーい体で、横から見ると、額から口にかけてが絶壁のように切り立っています。なんとも個性的な風貌ですが、実は食材としておなじみのアジの仲間。幼魚のころは、背ビレと尻ビレが長く伸びていますが、その風貌は確かにイトヒキアジにそっくりなのです。

長崎ペンギン

体の側面にある黒い模様は、個体によって面積も形も違い、ひとつとして同じものがない

ビビッドな黄色が目を射るヒフキアイゴは、サンゴ礁に住むお魚。日本でも奄美大島以南の海に生息し、観賞魚としても定番ですが、沖縄県では食用とされることも。大きなもので約20cmになります。

ヒョットコのように突き出た口の次に目立っているのは、派手に逆立った背ビレと腹ビレ。アイゴの仲間にはここには毒があり、触れるとピリッと痛みが走ります。幼魚のときは群れで、成長するとつがいで行動します。

美しき働き者！　アゴを使って、せっせと巣作りに励む

イエローヘッドジョーフィッシュ

神戸須磨

大きな目と、幅広い背ビレと腹ビレも美しい。が、あまりに忙しそうなので、見ていると動きばかりが気になることも

沼津港深海

イエローヘッドジョーフィッシュ

スズキ目 アゴアマダイ科

ここで見る！　｜品川アクアスタジアム｜すみだ｜新江ノ島｜よしもとおもしろ｜沼津港深海｜竹島｜神戸須磨｜桂浜｜うみたまご｜

いつ見ても、せっせと巣穴を掘ることに忙しいイエローヘッドジョーフィッシュ。その名のとおり体の前半分は淡い黄色、後ろ半分は薄青色という、とてもきれいな姿をしています。

〝ジョー〟は映画の『ジョーズ』と同じで、アゴの意味。体のわりに大きくて、頑丈なアゴを持っています。これを使って、大ぶりな石やサンゴのかけらをくわえ、巣の外に捨てます。縄張りを守って戦うときや、敵を威嚇するときにも、このアゴは役立ちます。

さらにもうひとつ、大事な役割があります。赤ちゃんが生まれたとき、このアゴがゆりかごになるのです。産卵すると、卵を口に入れて守ります。カンガルーのポケットのようなものと考えるといいでしょう。巣作りにいそしんだり、赤ちゃんを守ったり、家庭的な性格のようですね。

スズメダイの仲間

小さな海の宝石！　群れ泳ぐ姿が、美しさを倍増させる

小さく丸い姿でチュンチュンさえずるスズメ。愛らしいですよね。そのスズメを連想させるという理由で名付けられたのが、スズメダイの仲間です。大勢で群れる様子や、丸いお腹が似ています。主に、熱帯地方の沿岸、特にサンゴ礁に住んでいます。危険を感じるとサッとイソギンチャクやサンゴの陰に隠れますが、そのために小柄な体と、原色に近い華やかな体色が重宝するのです。

　ルリスズメダイやネッタイスズメダイは、まさに宝石のような美しさ。メスは尾びれが透明で、オスは体と同じ色ですが、水槽の前でその繊細な違いを見分けていると、つい時間が経つのを忘れそうです。ソラスズメダイは、自然界では数百匹の群れを作ることがあるといいます。さぞ美しいでしょうね。水族館で観察しながら、想像を広げるのも楽しいでしょう。

ソラスズメダイ

スズキ目 スズメダイ科

飼育スタッフが実際に淡島の海みを潜り、水槽のレイアウトで再現。自然に近いので、ソラスズメダイも活き活きしている

あわしまマリン

提供／あわしまマリンパーク

ここで見る！

｜マリンピア松島｜品川アクアスタジアム｜しながわ｜すみだ｜新江ノ島｜箱根園｜よしもとおもしろ｜マリンピア日本海｜伊豆三津｜下田海中｜あわしまマリン｜東海大海洋｜名古屋港｜竹島｜碧南海浜｜志摩マリン｜京都｜魚っ知館｜海遊館｜城崎マリン｜和歌山県立｜京大白浜｜串本海中｜宮島｜しまね海洋館｜桂浜｜足摺海洋館｜海の中道｜長崎ペンギン｜海きらら｜すみえファミリー｜いおワールド｜美ら海｜

ルリスズメダイ

スズキ目 スズメダイ科

のとじま

ここで見る！

｜おたる｜アクアワールド・大洗｜なかがわ水遊園｜鴨川｜サンシャイン｜品川アクアスタジアム｜しながわ｜新江ノ島｜箱根園｜よしもとおもしろ｜足立区｜マリンピア日本海｜寺泊｜上越市立｜のとじま｜越前松島｜伊豆三津｜名古屋港｜南知多ビーチ｜碧南海浜｜鳥羽｜志摩マリン｜京都｜魚っ知館｜海遊館｜かわいい水族館｜神戸須磨｜城崎マリン｜姫路市立｜和歌山県立｜串本海中｜くじらの博物館｜玉野海洋｜宮島｜しまね海洋館｜海響館｜新屋島｜桂浜｜足摺海洋館｜海の中道｜うみたまご｜長崎ペンギン｜むつごろう水族館｜すみえファミリー｜いおワールド｜美ら海｜

デバスズメダイ

スズキ目 スズメダイ科

水槽内に楽屋とステージを作り、デバスズメダイによる漫才ショーを披露！

よしもとおもしろ

ここで見る！

｜おたる｜登別ニクス｜浅虫｜男鹿GAO｜マリンピア松島｜アクアワールド・大洗｜なかがわ水遊園｜鴨川｜犬吠埼マリン｜葛西臨海｜サンシャイン｜品川アクアスタジアム｜しながわ｜新江ノ島｜箱根園｜よしもとおもしろ｜ねったいかん｜マリンピア日本海｜寺泊｜上越市立｜魚津｜のとじま｜越前松島｜沼津港深海｜東海大海洋｜名古屋港｜南知多ビーチ｜竹島｜碧南海浜｜鳥羽｜志摩マリン｜京都｜魚っ知館｜海遊館｜かわいい水族館｜神戸須磨｜和歌山県立｜串本海中｜玉野海洋｜宮島｜しまね海洋館｜海響館｜桂浜｜足摺海洋館｜海の中道｜うみたまご｜長崎ペンギン｜すみえファミリー｜いおワールド｜美ら海｜

持ちつ持たれつ、助けあって生きている

共生関係にあるお魚たち

カクレクマノミ　スズキ目 スズメダイ科

桂浜

美しいイソギンチャクと愛らしいカクレクマノミはお似合い！　同館では、直接手で触れることもできる

ここで見る！

｜千歳サケ｜おたる｜登別ニクス｜標津サーモン｜浅虫｜男鹿GAO｜アクアワールド・大洗｜かすみがうら｜なかがわ水遊園｜鴨川｜犬吠埼マリン｜葛西臨海｜サンシャイン｜品川アクアスタジアム｜しながわ｜すみだ｜新江ノ島｜相模川ふれあい｜箱根園｜よしもとおもしろ｜ねったいかん｜足立区｜マリンピア日本海｜寺泊｜上越市立｜のとじま｜越前松島｜伊豆三津｜沼津港深海｜下田海中｜あわしまマリン｜東海大海洋｜名古屋港｜南知多ビーチ｜竹島｜碧南海浜｜鳥羽｜二見｜志摩マリン｜京都｜魚っ知館｜海遊館｜神戸須磨｜城崎マリン｜姫路市立｜玉野海洋｜宮島｜しまね海洋館｜海響館｜新屋島｜桂浜｜足摺海洋館｜海の中道｜うみたまご｜長崎ペンギン｜すみえファミリー｜いおワールド｜美ら海｜

セジロクマノミ　スズキ目 スズメダイ科

ねったいかん

背に1本白い線が入ったラインが特徴。ピンクの体色が愛らしく、アイドル的存在

ここで見る！

｜おたる｜サンシャイン｜鴨川｜ねったいかん｜マリンピア日本海｜東海大海洋｜海響館｜海の中道｜美ら海｜

映画『ファインディング・ニモ』で一躍有名になったカクレクマノミ。水族館でも、大水槽全体に明るい美しさをもたらしてくれるため大人気！　同じ水槽内ではカラフルなイソギンチャクが多数飼育され、目にも鮮やかです。

　クマノミの仲間とイソギンチャクは〝共生〟関係にあります。イソギンチャクは危険を感じると、触手から刺胞《しほう》と呼ばれるトゲを出し、そこから毒を放出します。お魚たちにとって危険な存在……。ところがクマノミには、この毒が効きません。イソギンチャクに住みつけば、天敵が近寄ってこないため、安心して暮らせるのです。

　水族館では、こうした共生関係をあちこちで見ることができます。

　ホンソメワケベラのエサは、ほかのお魚に付いた寄生虫。本来、寄生虫はお魚から栄養を吸収する不快な存在です。だから、これを

ここで見る！

おたる｜浅虫｜もぐらんぴあ｜マリンピア松島｜アクアワールド・大洗｜なかがわ水遊園｜鴨川｜犬吠埼マリン｜葛西臨海｜サンシャイン｜品川アクアスタジアム｜しながわ｜すみだ｜新江ノ島｜箱根園｜よしもとおもしろ｜ねったいかん｜マリンピア日本海｜寺泊｜上越市立｜魚津｜のとじま｜越前松島｜伊豆三津｜あわしまマリン｜東海大海洋｜名古屋港｜南知多ビーチ｜竹島｜碧南海浜｜鳥羽｜志摩マリン｜京都｜魚っ知館｜海遊館｜かわいい水族館｜神戸須磨｜城崎マリン｜姫路市立｜和歌山県立｜京大白浜｜串本海中｜玉野海洋｜宮島｜しまね海洋館｜海響館｜足摺海洋館｜海の中道｜うみたまご｜長崎ペンギン｜海きらら｜すみえファミリー｜いおワールド｜美ら海

鴨川

ヤッコエイをクリーニング中。ホンソメワケベラを全身で歓迎している様子がわかる

海遊館
提供：大阪・海遊館

ホンソメワケベラ
スズキ目 ベラ科

44ページで紹介したベラの仲間らしく、ブルーと黒のコントラストが美しい魚でもある

ねったいかん

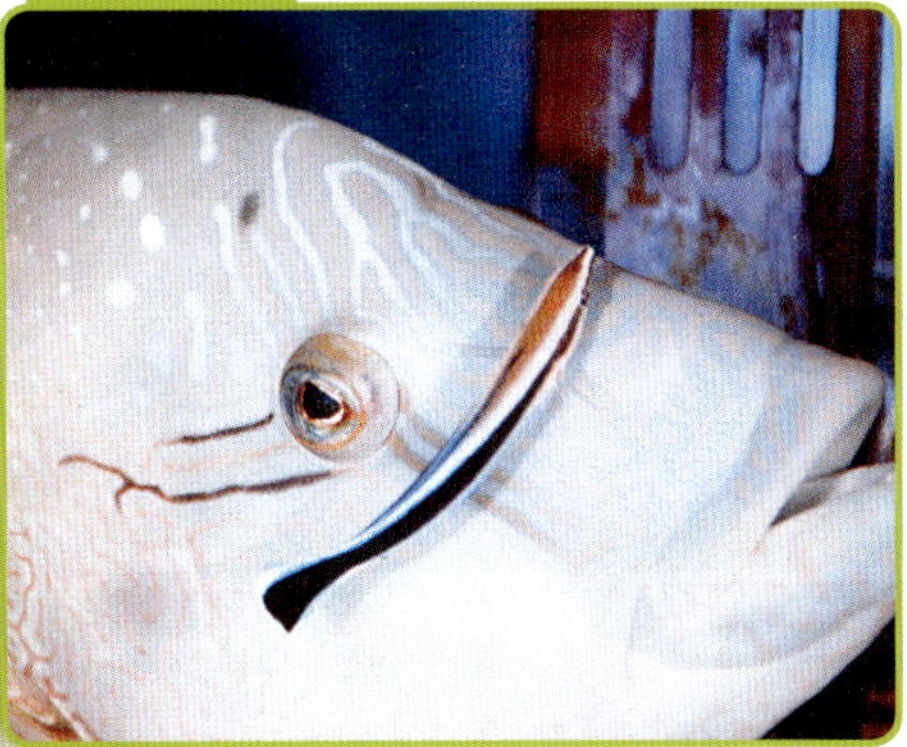

ナポレオンフィッシュなどと同居。常にほかの魚の体表をつついている

ねったいかん

大きなクエと同居中。クエの気持ちよさそうな様子にも注目を！

食べて除去してくれるホンソメワケベラは、とてもありがたい存在なのです。イラ、コブダイ、タカサゴなど、さまざまなお魚が体を掃除してもらいます。掃除の順番を待つ"クリーニングステーション"と呼ばれる場所もあるといわれています。

海のなかは危険もいっぱい。その一方で、こうした異なる種同士が助け合う光景も見られます。気持ちがほのぼのする共生関係、水族館でぜひ観察してください。

さかなクン "ギョギョ！" POINT

水族館では、夫婦になったクマノミの仲間がた〜くさんいます。成長してオスとなり、さらに大きくなってメスに変わります。イソギンチャクの近くに卵を産むと、主にオスが卵のお世話をして、メスが外敵から卵を守ります。

ハタの仲間

可憐で美しい水族館の彩り担当！

サクラダイ、キンギョハナダイ、アカネハナゴイ……名前を聞いただけで、明るく華やかなイメージが浮かんできます。ハタの仲間でも、特に小型のものにはオレンジやピンクなど体色が美しい種が多くいます。

ハナダイの仲間は群遊する習性があり、水槽に一層の彩りを添えてくれます。群れというのは、ハーレムです。1匹だけ体が大きな個体がいるのを、見つけてください。それがオスで、ほかは全部メス。襲われたり寿命が来たりしてオスが死を迎えると、メスのなかで一番大きなものが性転換します。ハーレムをまとめる、次世代のオスになるのです。確実に子孫を残すための戦略です。

成長すると自動的にメスからオスに性転換する種もいます。サクラダイです。オスは濃いオレンジ色の体に、桜の花びらのような斑

サラサハタ スズキ目 ハタ科

海の中道

紀伊半島以南の岩礁やサンゴ礁に生息。水玉がくっきりしているのは、若さの証拠！

ここで見る！

|千歳サケ|浅虫|鴨川|犬吠埼マリン|品川アクアスタジアム|しながわ|すみだ|箱根園|よしもとおもしろ|マリンピア日本海|上越市立|のとじま|伊豆三津|東海大海洋|南知多ビーチ|竹島|碧南海浜|京大白浜|玉野海洋|しまね海洋館|桂浜|海の中道|すみえファミリー|

アカネハナゴイ スズキ目 ハタ科

ねったいかん

背ビレが、たてがみのようで存在感抜群。その美しさから、ダイバーにも人気の魚だ

キンギョハナダイ
スズキ目 ハタ科

足立区

育った地域によって体色がやや異なるが、オスは赤っぽく、メスはオレンジがかっている

ここで見る！
｜おたる｜登別ニクス｜浅虫｜男鹿GAO｜マリンピア松島｜鴨川｜葛西臨海｜サンシャイン｜品川アクアスタジアム｜しながわ｜すみだ｜新江ノ島｜箱根園｜ねったいかん｜足立区｜マリンピア日本海｜寺泊｜上越市立｜魚津｜のとじま｜伊豆三津｜下田海中｜あわしまマリン｜東海大海洋｜名古屋港｜竹島｜碧南海浜｜鳥羽｜志摩マリン｜京都魚っ知館｜海遊館｜和歌山県立｜串本海中｜宮島｜海響館｜海の中道｜うみたまご｜長崎ペンギン｜海きらら｜すみえファミリー｜美ら海｜

サクラダイ
スズキ目 ハタ科

志摩マリン

上がメスで、下がオス。どちらも美しいが、こうして並べてみても同じ種とは思えない!?

ここで見る！
｜登別ニクス｜浅虫｜鴨川｜品川アクアスタジアム｜しながわ｜すみだ｜新江ノ島｜箱根園｜ねったいかん｜マリンピア日本海｜寺泊｜上越市立｜伊豆三津｜沼津港深海｜下田海中｜あわしまマリン｜東海大海洋｜名古屋港｜竹島｜碧南海浜｜鳥羽｜志摩マリン｜京都魚っ知館｜海遊館｜神戸須磨｜串本海中｜宮島｜しまね海洋館｜桂浜｜海の中道｜海きらら｜

ユカタハタ
スズキ目 ハタ科

赤やオレンジの体色に、青い斑点が散らばっていて、ハタの仲間でもオシャレナンバーワン！

南知多ビーチ

ここで見る！
｜おたる｜マリンピア松島｜葛西臨海｜品川アクアスタジアム｜しながわ｜すみだ｜箱根園｜上越市立｜東海大海洋｜南知多ビーチ｜竹島｜碧南海浜｜志摩マリン｜姫路市立｜和歌山県立｜京大白浜｜串本海中｜玉野海洋｜宮島｜しまね海洋館｜海の中道｜美ら海｜

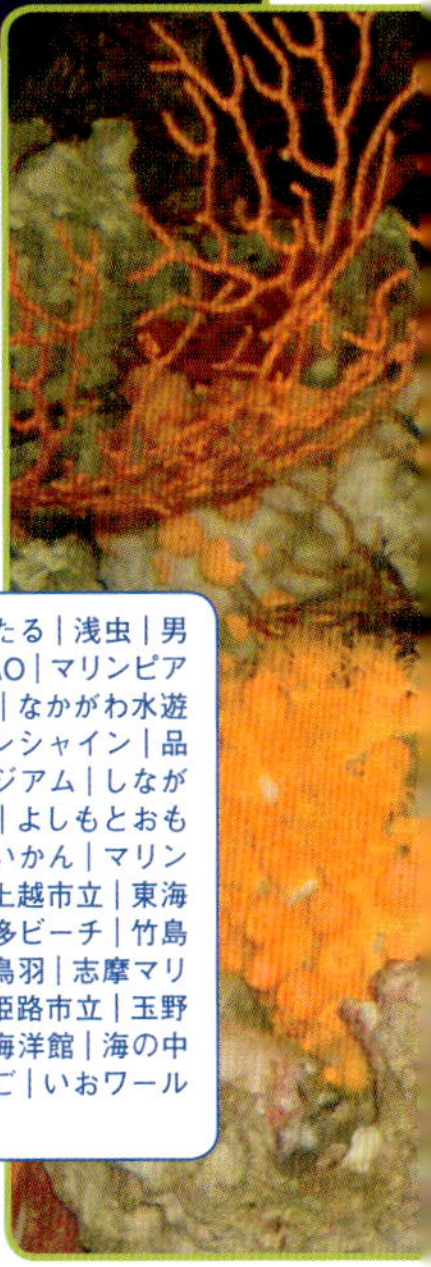

ここで見る！
｜おたる｜浅虫｜男鹿GAO｜マリンピア松島｜なかがわ水遊園｜鴨川｜サンシャイン｜品川アクアスタジアム｜しながわ｜新江ノ島｜よしもとおもしろ｜ねったいかん｜マリンピア日本海｜上越市立｜東海大海洋｜南知多ビーチ｜竹島｜碧南海浜｜鳥羽｜志摩マリン｜海遊館｜姫路市立｜玉野海洋｜しまね海洋館｜海の中道｜うみたまご｜いおワールド｜美ら海｜

さかなクン "ギョギョ！" POINT

タマカイやクエは、1mをはるかに超えて成長する大型のハタ。どっしりした体と貫禄のある顔で、存在感抜群！ 寿命が長く、数十年は生きると言われていて、水族館で会うと懐かしい友人に再会した気分。「元気そうだね！」と言いたくなります。

点があります。メスはそれよりも体が小さく、金色がかったオレンジの体色。外見が違うことから、その昔は別種の魚だと考えられ、メスは"オウゴンサクラダイ"と呼ばれていました。水族館で飼育され、長い時間をかけて観察されるようになってはじめて、同じお魚であると判明したのです。

サラサハタやユカタハタなど、体長50cm程度の中型のハタも、カラフルな模様に特徴があるので、要チェックです。

カサゴの仲間

ひらひらとリボンのようなヒレを揺らして、きれいに泳ぐ

ウッカリカサゴ

カサゴ目　フサカサゴ科

カサゴの仲間でも地味なほうだが、その名前のおもしろさと、まだら模様に愛嬌を感じる

ここで見る！　｜魚津｜神戸須磨｜新屋島｜

魚津

いおワールド

沼津港深海

ボロカサゴ

カサゴ目　フサカサゴ科

名前とは裏腹に、華やかな存在！　色だけでなく、まだら模様にも個性がある

ここで見る！　｜アクアワールド・大洗｜すみだ｜沼津港深海｜城崎マリン｜しまね海洋館｜いおワールド｜

カサゴの仲間は、たいていが地味です。オニダルマオコゼ（97ページ）のように、岩や砂地に擬態するものも多く、体の色は茶か灰色が主流です。

しかし、鮮やかな色彩と華やかなヒレを持つ種もいます。ハナミノカサゴを例に見てみましょう。胸ビレ、背ビレ、腹ビレともに大ぶり。細かく分かれていて、リボンのようです。色も赤やオレンジで、目を惹きます。これが水の動きに合わせてヒラヒラと揺れる様子は、とても優雅に写ります。

これも、当のカサゴにとっては生きるための〝武器〟。ハナミノカサゴは、ヒレに強い毒があります。精一杯ヒレを広げて体を大きく見せると同時に、毒があることを周囲に知らしめ、警戒をうながしているのです。さらに、獲物である小魚やエビなどの前でヒレを広げると、縞模様が放射状に見え

伊豆三津

美しさではなく、この2館のように「毒」に注目して展示する水族館も。ヒレに毒を持つ

よしもとおもしろ

ハナミノカサゴ

カサゴ目　フサカサゴ科

ここで見る！
｜登別ニクス｜浅虫｜男鹿GAO｜アクアワールド・大洗｜なかがわ水遊園｜鴨川｜葛西臨海｜品川アクアスタジアム｜しながわ｜すみだ・箱根園｜よしもとおもしろ｜マリンピア日本海｜寺泊｜上越市立｜魚津｜のとじま｜越前松島｜伊豆三津｜下田海中｜あわしまマリン｜東海大海洋｜南知多ビーチ｜竹島｜碧南海浜｜志摩マリン｜京都｜魚っ知館｜神戸須磨｜城崎マリン｜姫路市立｜和歌山県立｜京大白浜｜串本海中｜くじらの博物館｜玉野海洋｜宮島｜新屋島｜足摺海洋館｜うみたまご｜すみえファミリー｜いおワールド｜美ら海｜

さかなクン "ギョギョ！" POINT

主に海底で暮らすカサゴの仲間たち。大きな胸ビレで体を支え、忍耐強くじ～っとしている姿がカッコイイ！　目にもギョ注目。瞳の先端がとがっていて、獲物に焦点を合わせると、大～きな口で素早く、水ごと飲み込むように食べちゃいます。

ます。これによって獲物の目を錯覚させ、その隙を襲います。

また、ボロカサゴという、気の毒な名前のお魚がいます。ところがその姿は、ビビットな黄や紫の体色で、とにかく派手！　模様のまだらが濃いものもいれば薄いものもいて、目を楽しませてくれます。名前の由来は不明ですが、脱皮するときに皮膚がぽろぽろと剥がれるためという説があります。名前と、美しいルックスとのギャップを楽しみたいものです。

メダカの仲間

いつかまた、自然界でその姿を見ることができますように

メダカ ダツ目 メダカ科

番匠おさかな館

相模川ふれあい

「相模川ふれあい科学館」では、相模川の上流から河口までを緑豊かに再現した、全長40mの水槽にて展示

ここで見る!

|千歳サケ|おたる|浅虫|もぐらんぴあ|男鹿GAO|加茂|いなわしろ淡水魚|アクアワールド・大洗|かすみがうら|なかがわ水遊園|鴨川|さいたま|葛西臨海|しながわ|井の頭自然文化園|新江ノ島|相模川ふれあい|箱根園|よしもとおもしろ|富士湧水の里|足立区|マリンピア日本海|寺泊|上越市立|イヨボヤ会館|魚津|のとじま|あわしまマリン|世界のメダカ館|竹島|碧南海浜|ぎょぎょランド|アクア・トトぎふ|森の水族館|鳥羽|琵琶湖博物館|京都|魚っ知館|神戸須磨|姫路市立|和歌山県立|宮島|宍道湖ゴビウス|海響館|新屋島|虹の森公園おさかな館|桂浜|あきついお|海の中道|うみたまご|番匠おさかな館|長崎ペンギン|海きらら|むつごろう水族館|高千穂淡水魚|すみえファミリー|いおワールド|美ら海|

かつて、メダカは北海道を除く日本各地に生息していました。水田や清流、湖沼などで群れを作り、のびのびと泳いでいる。その小さくて愛らしい姿は、童謡にも歌われました。誰でも一度は口ずさんだことがあるでしょう。

そんな身近で、ありふれたお魚だったメダカですが、いまや生きている姿を見られるのは、ほぼ水槽の中に限られています。レッドデータ——絶滅のおそれがある野生生物に選定されるほど、数が減ってしまったからです。

メダカは、広い範囲を泳ぎ回るお魚ではありません。そのため、周囲の環境が変化すると、影響をダイレクトに受けやすいのです。水田の数が減ったり、護岸工事などで川の流れが変わったりすると、あっという間に死滅してしまいます。水草に産みつけた卵が、孵化しないうちに流されてしまうとい

世界のメダカ館

ここで見る！ ｜なかがわ水遊園｜寺泊｜世界のメダカ館｜あきついお｜うみたまご｜

シロメダカ 品種改良種

2003年の開館以来、繁殖を続けている。卵を取るのに毛糸を使用するなど、独自のアイデアあり！

あきついお

アオメダカ 品種改良種

さわやかな青色で、観賞魚としても人気

ここで見る！ ｜なかがわ水遊園｜あきついお｜

さいたま

ソードテール

カダヤシ目 カダヤシ科

メキシコ原産。赤のほかにも、鮮やかな青や赤＆白のツートンカラーなど、実に色彩豊かな仲間がいる

ここで見る！ ｜浅虫｜もぐらんぴあ｜マリンピア松島｜さいたま｜寺泊｜上越市立｜世界のメダカ館｜ぎょぎょランド｜あきついお｜

世界のメダカ館

ここで見る！ ｜世界のメダカ館｜

ノソブランキウス・ラコヴィ

カダヤシ目 カダヤシ科

アフリカのメダカ。水のない場所で半乾燥状態になった卵が孵化するという、不思議な生態を解説

さかなクン“ギョギョ！”POINT

メダカに近い仲間は、大きさや姿が似ているグッピーやソードテールと思われがちですが、実は違います。もっと私たちの身近なお魚なのです。答えは、サンマやトビウオ。ギョギョ！　同じダツ目というグループなのでギョざいます。

うことも多かったようです。

水族館や、さまざまな研究機関で、メダカの数を再び増やすべく、生態が研究されています。地元の川を再現し、自然界でのメダカの姿をリアルに伝えようとする館も、あちこちにあります。かつてメダカがいた美しい風景を、見る人に共有してもらうためです。

メダカが再びありふれたお魚となり、水族館に展示される珍しいお魚ではなくなる日が来ることを、願わずにはいられません。

クラゲの仲間

意志なく漂う姿が幻想的で癒される

加茂

水族館で飼育されている
クラゲの代表的存在。照明によって、
まったく違った表情を見せる

すみだ

ミズクラゲ

旗口クラゲ目 ミズクラゲ科

ここで見る!

｜おたる｜登別ニクス｜浅虫｜もぐらんぴあ｜男鹿GAO｜マリンピア松島｜加茂｜アクアワールド・大洗｜かすみがうら鴨川｜葛西臨海｜サンシャイン｜しながわ｜すみだ｜新江ノ島｜箱根園｜よしもとおもしろ｜マリンピア日本海｜寺泊｜上越市立｜魚津｜のとじま｜越前松島｜伊豆三津｜下田海中｜あわしまマリン｜東海大海洋｜名古屋港｜南知多ビーチ｜碧南海浜｜鳥羽｜志摩マリン｜京都｜海遊館｜神戸須磨｜城崎マリン｜姫路市立｜和歌山県立｜京大白浜｜串本海中｜宮島｜しまね海洋館｜宍道湖ゴビウス｜海響館｜なぎさ｜新屋島｜桂浜｜足摺海洋館｜海の中道｜うみたまご｜長崎ペンギン｜海きらら｜いおワールド｜美ら海｜

ここで見る!

｜男鹿GAO｜マリンピア松島｜加茂｜アクアワールド・大洗｜鴨川｜サンシャイン｜すみだ｜新江ノ島｜よしもとおもしろ｜マリンピア日本海｜のとじま｜越前松島｜あわしまマリン｜東海大海洋｜名古屋港｜南知多ビーチ｜竹島｜碧南海浜｜京都｜海遊館｜神戸須磨｜姫路市立｜宮島｜しまね海洋館｜海響館｜なぎさ｜新屋島｜海の中道｜海きらら｜

新江ノ島

提供／新江ノ島水族館

アカクラゲ

旗口クラゲ目 オキクラゲ科

傘に16本の赤いラインがある。触手は40本。
これに触れると、痛みが走り、腫れる

ふわりふわりと水中を漂うクラゲ――幻想的な光景を観ていると、時間を忘れさせてくれます。水族館のなかでも特に癒しを感じる空間として、クラゲの水槽を挙げる人は多いでしょう。

展示されているクラゲは成体、つまり大人になったものです。幼体は、海底で動かずに暮らします。自然界では防波堤などに付着する姿も、よく見かけられます。ナマコやヒトデ同様、海底を這うようにして生きる生物を〝ベントス〟といいます。

それが成長するにつれ、波に任せて海中を漂うようになります。この状態を〝プランクトン〟といいます。プランクトンというとお魚のエサとなるような、目に見えないほど小さいものをイメージしがちですが、クラゲの仲間で3ｍほどの大きさにもなるシーネットルや、重さが100kgを超えるこ

海きらら

ホシヤスジクラゲ 軟クラゲ目

九十九島海域で採集された日本初確認のクラゲ。同館では、繁殖にも成功している

提供／九十九島水族館「海きらら」

ここで見る！ │海きらら│

ガラス細工のような見かけのとおり、とても繊細。虹色に発光する8本の帯を、体内に持つ

加茂

カブトクラゲ カブトクラゲ目 カブトクラゲ科

ここで見る！ │加茂│アクアワールド・大洗│鴨川│しながわ│新江ノ島│よしもとおもしろ│マリンピア日本海│沼津港深海│あわしまマリン│鳥羽│志摩マリン│京都│海遊館│なぎさ│海きらら│魚っ知館│神戸須磨│姫路市立│玉野海洋│宮島│海響館│新屋島│すみえファミリー│いおワールド│美ら海│

新江ノ島

ここで見る！ │新江ノ島│しまね海洋館│海きらら│

提供／新江ノ島水族館

アンドンクラゲ 立法クラゲ目 アンドンクラゲ科

箱形のカサと、4本の触手が特徴。透明で水中でも見えにくいため、照明などに工夫が見られる

パシフィックシーネットル 旗口クラゲ目 オキクラゲ科

約40年の歴史を持つ、クラゲ展示の先駆的水族館。常時15種類のクラゲを展示している

ここで見る！ │加茂│鴨川│新江ノ島│のとじま│

提供／新江ノ島水族館

さかなクン"ギョギョ！"POINT

クラゲは人気者で、飼育、展示に力を入れていらっしゃる水族館も多いです。「加茂水族館」は常にたくさんの種類のクラゲを展示しており、2012年3月にギネスに認定されました。おめでとうギョざいます！ 日本の水族館の誇りでギョざいます。

ともあるエチゼンクラゲも、基本的にはプランクトンなのです。現在は多くの水族館にクラゲがいますが、実はその飼育は長らく難しいとされてきました。クラゲは水の内側に空気が溜まると、水中に戻ることはできません。そして、そのまま衰弱してしまいます。水槽のなかに泡を入れないための循環器やろ過槽の開発など、水族館のたゆまぬ努力が、現在のようなクラゲ展示を実現させたのです。

光るお魚たち

海中できらめく光。発光する魚が織りなす幻想的な光景

鴨川

マツカサウオ

キンメダイ目　マツカサウオ科

魚津

停電がなければ、いまでも光る魚とは知られていなかったかも…?

ここで見る!

｜おたる｜登別マリンパークニクス｜浅虫｜男鹿GAO｜マリンピア松島｜鴨川｜品川アクアスタジアム｜新江ノ島｜マリンピア日本海｜寺泊｜上越市立｜魚津｜のとじま｜越前松島｜伊豆三津｜沼津港深海｜下田海中｜あわしま｜東海大海洋｜名古屋港｜竹島｜碧南海浜｜鳥羽｜二見｜志摩マリン｜京都｜魚っ知館｜海遊館｜神戸須磨｜姫路市立｜和歌山県立｜京都大学白浜｜串本海中｜くじらの博物館｜玉野海洋｜宮島｜しまね海洋館｜海響館｜桂浜｜足摺海洋館｜海の中道｜長崎ペンギン｜海きらら｜すみえ｜いおワールド｜美ら海｜

マツカサウオが光る――この現象は、偶然から発見されました。1914年、「魚津水族館」を嵐が襲い、停電に見舞われました。真っ暗な水槽で、水槽のなかをふわふわと漂う光。さぞかし幻想的だったことでしょう。光の正体は、マツカサウオ。あごの下に付いている発光バクテリアが、光を放っているのでした。自然界では、夜になるとこの光を目指してエビなどの甲殻類が集まり、マツカサウオはそれらを食べているのです。

同じくヒカリキンメダイは目の下に発光器があり、そこに発光バクテリアが寄生しています。この発光器を回転させることで、ピカッ、ピカッとリズミカルに点滅しているように見えます。

「沼津港深海水族館」では〝深海のプラネタリウム〟と称して、ヒカリキンメダイの展示をしています。カーテンで仕切られ、光がま

ホタルイカ ツツイカ目 ホタルイカモドキ科　魚津

春の味覚としても知られる小型のイカ。光る姿が見られるのは、とても貴重

ここで見る！ 魚津

沼津港深海　ヒカリキンメダイ　キンメダイ目　ヒカリキンメダイ科

鴨川

集団で瞬く姿は、怖いほどの迫力！
「沼津港深海水族館」では、幻想的な音楽とともに観賞

ここで見る！
| おたる | 浅虫 | 鴨川 | 葛西臨海 | 品川アクアスタジアム | しながわ | マリンピア日本海 | 寺泊 | 魚津 | 越前松島 | 沼津港深海 | 碧南海浜 | 志摩マリン | 神戸須磨 | 宮島 | しまね海洋館 | 美ら海 |

たく入ってこない暗闇のなかで、目に映るのは、ヒカリキンメダイが放つ瞬きだけ。黄色やグリーンの光が、流れるように動く様子は、ことばにできないほど神秘的。深海にはこのような風景があるのだと教えてくれます。

光る海洋生物のなかで忘れてならないのが、ホタルイカでしょう。全身にある発光器は、なんと約1000個！　青白い光を放ちながら群れで泳ぐ様子は、海の宝石とも言われています。

さかなクン "ギョギョ！" POINT

夜の海、小さな生き物は月の明るさで海中に自分の影ができ、天敵に見つかりやすくなります。そのため、ホタルイカなどの発光器は、月に照らされた海中の明るさに合わせて、光の強さを調整することができるそうです。高性能な発光器ですね。

さかなクンコラム 2

こんにちは赤ちゃん! 未来に向けて育まれる命

どんな動物も、赤ちゃんはものすっギョくかわいいです。水族館の生き物も、もちろんでギョざいます。成魚と比べると、幼魚は体に対して目がクリッと大きくて、あどけなくて、かわいい! さかなクンは一瞬にして心を奪われてしまいます。

水族館にとって、繁殖は特に力を入れている分野のひとつですが、成功すれば展示用水槽で赤ちゃんをお披露目することもあります。

成魚と幼魚がほぼ同じ姿のお魚もいる一方、じっくり観察してみたいのは、親子で見た目がまったく異なるお魚でしょう。特にベラの仲間(44ページ)は、その特徴が顕著です。成魚は美しい色と模様が魅力ですが、幼魚は幼魚でまったく別の体色と模様を持っています。

赤地に白の模様がかわいらしい、ツユベラの幼魚。いかついコブダイも、おとなになる前は、おでこが出ていません。幼魚はオレンジ色の体に、1本の白いラインが入って、とてもおしゃれ! どちらも、並べてみても親子だとは気付かないほどです。

逆に、ナポレオンフィッシ

ツユベラの親子
スズキ目 ベラ科
幼魚はヒレが小さくて体全体に丸みがあり、色が濃く鮮やか! 成魚で35cmほどになる。

名古屋港

トラザメの卵

メジロザメ目　トラザメ科

ユニークな形！　中にいる小さな赤ちゃんが透けて見える。大きさは2～6cmほどで誕生が待たれる

名古屋港

トラザメの赤ちゃん

メジロザメ目　トラザメ科

親とそっくり。でも全体に頭がおおきく、かわいい！　成長するとオスで40cmを超える

ュの幼魚は、体色がベージュで、華やかな成魚と比べると、とても地味……。泳いでいても存在が見落とされがちで、水槽の主役を張る親とは正反対です。

　卵そのものが、展示されることもあります。特にサメの仲間の卵は、驚くほど不思議な形をしています。ここから、親そっくりの赤ちゃんがギョ誕生するとは、信じられないほどです。サメの卵は産み出されてから孵化するまでの期間が長く、サメの種によって早いと約6カ月、長いと1年近くかかるといわれます。卵をよ～く見ると、殻のなかで赤ちゃんが動いているのが見えるかもしれません。水族館で展示される種類と時期は限られますので、チャンスがあれば要チェックでギョざいます！

　幼魚たちもいずれは大きくなり、今度は親となって次の世代を育むことになるでしょう。幼いころならではの愛らしさに注目でギョざいます。

ネコザメの卵

ネコザメの親

ネコザメの卵は、ドリルみたいな形！　これで岩のあいだにガシッとはさまって、産まれるのを待つのでギョざいます

鳥羽

オウムガイの卵

オウムガイ目 オウムガイ科

これも独特な形。大きさは3cmほど。孵化したときにはすでに、殻がついているから不思議

さかなクンコラム 3

地元の水族館で海とお魚たちの〝今〟を知る

キアンコウ アンコウ目 アンコウ科

茨城の冬の味覚「アンコウ鍋」。その材料となるキアンコウを１年中展示する。水槽の照明や水温などを工夫して、長期飼育が可能に

水族館には日本中、世界中から、お魚を始めとする生き物が大集ギョウしています。広大な外洋や、アマゾン川の生き物を観察するのはワクワクしますが、一度、自分がいま住んでいる地域や故郷の水族館に出かけ、ギョ地元の生き物を訪ねてみてください。水族館には、ギョ地元ならではの生き物を大事に飼育して、伝えるという使命があります。

飼育のうえでも、その生き物がどのような環境で暮らしていたかというのは、まずもって知っておかなければならないことです。だから飼育員のみなさまは、それぞれの生き物を採集した場所、環境で、「水深や水温は、このぐらい」「底はさらさらとした砂地だ」「周囲にはこんな植物が生えている」などのような情報を五感で確認します。そうした活動で得られた情報の蓄積をもとに、生き物にとってより良い飼育環境を作ります。そして、観る人に地元の自然や生態系を

2012年にオープンした同館では、稲が育つ様子と、そこに暮らすお魚などの生き物を、年間とおして観察できる。日本人の原風景を体感したい

伊豆・三津シーパラダイスの名物飼育員だった、真野さんと。さかなクンも何度か船に乗せてもらいました！

伝えるのでギョざいます。

自ら漁師さんの船に乗り込み、または潜って、生き物を採集する飼育員さんもいます。さかなクンと仲良しの飼育員さんにも、採集熱心な方がいます。なんと！　自分の船を持ち、毎朝、出勤前に海へ出て漁をされる方もいるんです。飼育用のお魚と、自分が食べるためのお魚の両方を採集されます。ギョギョ！

近年は、さらに踏み込んだ展示が増えています。「京都水族館」の〝京の里山ゾーン〟には、棚田が広がっています。地元の小学生が植えた苗が青々と茂り、ミジンコやアメンボも観察できます。

〝京の川ゾーン〟では、鴨川と由良川を再現。いろんな生き物がいますが、国の特別天然記念物のオオサンショウウオもいます。外来種との交雑が進み、もともと鴨川にいた在来種が絶滅してしまいそうなのです。同館では、在来種、交雑種、外来種を並べて展示し、人間と生き物との関わりを改めて考えるきっかけを与えてくれています。

提供／海洋博公園

ナガタチカマス スズキ目　クロタチカマス科

地元、沖縄では「ナガンジャー」と呼んで親しまれる。水深400mで採集された。鋭い歯でよく縄を噛み切るので「ナワキリ」の異名も。飼育が非常に難しい

提供／海洋博公園

ハマダイ スズキ目　フエダイ科

沖縄では水深300m付近で漁獲される。ピンクのボディが美しい。刺身などで食べる高級魚でもある。同館が初めて長期飼育に成功した

シロザケ サケ目　サケ科

身近なサケ科の魚に関するさまざまな教育活動を行っている。毎年11月になると、シロザケの産卵行動を観察する会を開く

Column

クリオネ

流氷に乗ってやってくる、妖精のようにはかない存在

ノシャップ

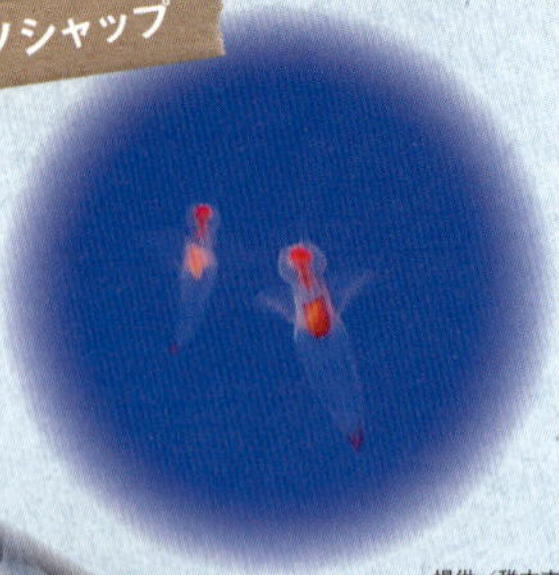

提供／稚内市
ノシャップ寒流水族館

ここで見る!
｜おたる｜登別ニクス｜標津サーモン｜オホーツクタワー｜ノシャップ｜浅虫｜男鹿GAO｜アクアワールド・大洗｜なかがわ水遊園｜サンシャイン｜しながわ｜新江ノ島｜よしもとおもしろ｜足立区｜マリンピア日本海｜寺泊｜上越市立｜のとじま｜越前松島｜竹島｜碧南海浜｜鳥羽｜魚っ知館｜海遊館｜城崎マリン｜玉野海洋｜海響館｜虹の森公園おさかな館｜海の中道｜長崎ペンギン｜

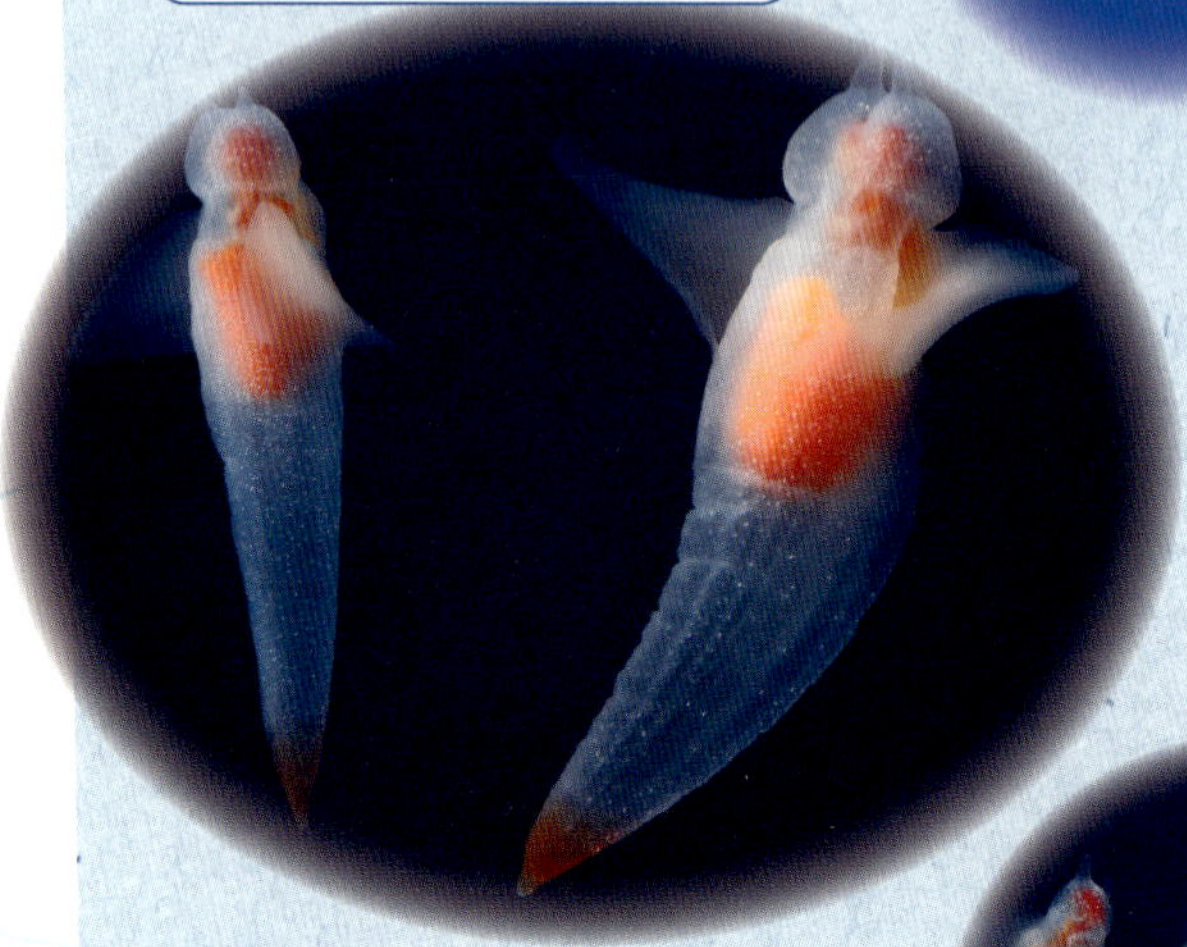

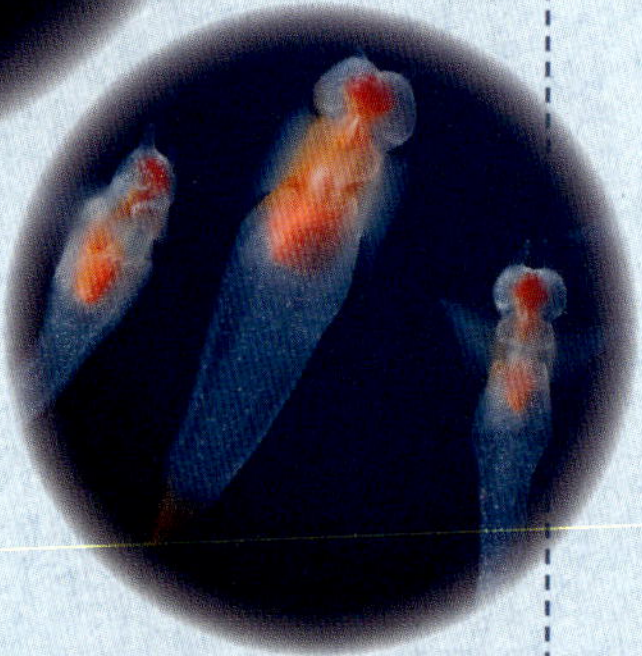

クリオネ(ハダカカメガイ)

裸殻翼足目 ハダカカメガイ科

大きい個体は成長したものと思いがちだが、実はその逆。エサを食べられないと、時間が経つにつれ、小さくなる

〝海の妖精〞と呼ばれるクリオネ。ふわふわと漂う姿がとても愛らしく、老若男女問わず人気があります。

貝の仲間ですが、水中を漂って生きるため、クラゲ（60ページ）と同じくプランクトンです。透き通った体に包まれた赤い部分は、内臓です。翼足《よくそく》と呼ばれる足の一部を、鳥の羽のようにして懸命に浮き沈みする様子は、なんとも健気に見えます。

エサは、ミジンウキマイマイ。自然界ではこれを見つけると、頭のてっぺんにある口を開け、触手を伸ばして捕まえます。しかし、水族館では入手が極めて難しいことから、食事をさせてあげることができません。時間が経つにつれどんどん体が小さくなり……しまいには消えてしまいます。クリオネはまさに妖精のように、淡くはかない存在なのです。

Chapter 3

笑えてなごむ！個性的でユニークなお魚たち

「どうしてこうなった？」と思わずツッコミを入れたくなる、ユニークな姿。
どこか不器用で、それゆえ応援したくなるキュートな動作。
世界中からさまざまな生き物が集まる水族館。その数だけ、個性があります。
タコやイカ、エビ、カニなど、身近な生き物の意外な一面を知る。
深海という、まだまだ解明されていない所に住む不思議なお魚と出会う。
水族館には、未知との遭遇があふれています。
目が離せないお魚がいたら、それは運命のようなもの。
その外見をじっと観察してください。愛情をもって、動作を見守ってください。
きっと、ますますその魅力に取り付かれるでしょう。

マンボウ

静かな水槽を、おとぼけ顔でゆったり泳ぐ

志摩マリン

常設展示を30年以上継続。「マンボウが泳ぐ水族館」として知られる

足摺海洋館

近海では、冬季に定置網で漁獲されることがある。肉や内臓を、食用にすることも

ユーモラスな顔と大きな体で人気のマンボウは、フグの仲間です。何もない、薄暗い水槽のなかをスーッと横切って行く姿は、とても不思議で神秘的。水族館によっては、水槽内に網を張っている場合もあります。なぜマンボウの水槽は、何もないのでしょう？

　マンボウは、世界中の温帯から熱帯に分布しています。障害物のない、ただ広い沖合で暮らす魚なので、狭い水槽に入れると、ぶつかってケガをすることがあるのです。網は〝衝突防止シート〟と呼ばれ、衝突のショックを和らげるためのものです。

　おっとりとして見えるマンボウですが、ある研究機関が発信器を取り付けて観察したところ、自然界での意外な行動が明らかになりました。マンボウたちは、夜になると海の深いところに潜って食事をしていたのです。日が昇ると、

マリンピア松島

東日本大震災でマンボウが死亡。現在は、「アクアワールド・大洗」から寄贈された個体を展示

マンボウ フグ目 マンボウ科

アクアワールド・大洗

270tの大規模水槽で、常に複数個体を展示している

ここで見る！
｜マリンピア松島｜アクアワールド・大洗｜鴨川｜サンシャイン｜のとじま｜越前松島｜名古屋港｜志摩マリン｜海遊館｜エビとカニ｜しまね海洋館｜海響館｜足摺海洋館｜長崎ペンギン｜いおワールド｜美ら海｜

海の水面近くまで急上昇し、体を横倒しにして昼寝をします。深海で冷えた体を温めているのです。このとき、海鳥がマンボウの体に止まり、寄生虫を食べる光景も確認されています。

水族館ではエサを与えられ、水温を管理されているので、マンボウの活発な一面は出てきません。それでも悠々と泳ぐ姿を見ながら、自然界の活動を想像すると、これまでと違った印象でマンボウが目に映るでしょう。

さかなクン "ギョギョ！" POINT

食べ物がノドにつかえやすいマンボウは、食事には注意が必要です。さかなクンが実習をさせていただいた水族館では、ホッコクアカエビ（甘エビ）の殻を1匹ずつ丁寧にむき、ミキサーにかけ、栄養を加え、団子状に固めて……大変でした！

フグの仲間

懸命な姿に、思わず応援！ 水族館一の個性派ぞろい

ミゾレフグ
フグ目 フグ科

食欲旺盛！ でも歯が伸びると食事ができなくなるので、定期的に麻酔をしてペンチで切っている

海響館

ここで見る！ 海響館

和歌山県立

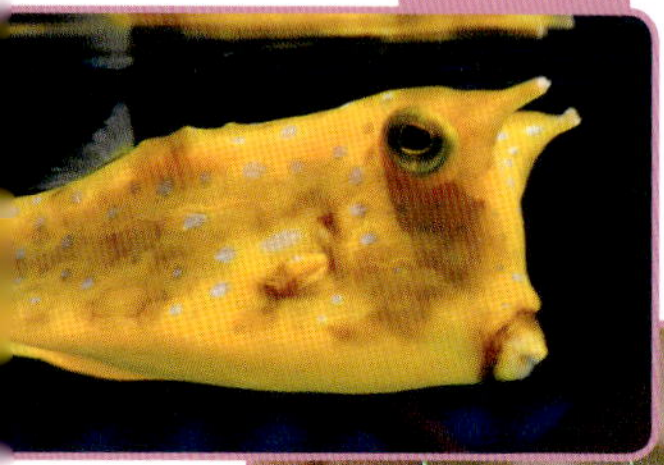

コンゴウフグ フグ目 ハコフグ科

2本の長いツノが気になるが、おしりにも長いトゲが2本ついているので見つけてみよう

鴨川

ここで見る！ ｜おたる｜鴨川｜サンシャイン｜品川アクアスタジアム｜しながわ｜すみだ｜新江ノ島｜箱根園｜寺泊｜上越市立｜のとじま｜あわしまマリン｜東海大海洋｜南知多ビーチ｜鳥羽｜京都｜かわいい水族館｜神戸須磨｜城崎マリン｜和歌山県立｜玉野海洋｜海響館｜海の中道｜

プーッとふくれるフグ。豊かな表情で、つい見入ってしまいます。フグには、あばら骨がありません。それゆえ、敵に襲われると胃に海水を入れ、体を大きく見せることができるのです。一口にフグといっても、数種のグループに分かれます。正面から見ると顔が四角、三角、楕円形……個性を競い合っているかのようです。

フグをユーモラスに見せているのは、体の〝硬さ〟でしょう。目と口とヒレしか動かない。だから泳ぐには、小さなヒレを懸命に動かします。さらに、視野が狭いこともあげられます。マグロやイワシなど常に泳ぎ回るお魚は、360度見渡せる目が、体の真横にあります。フグの目はそれよりも正面側に位置し、そのうえ顔が幅広いので、角度によってはまったく見えません。だから、目をキョロキョロさせ、常に敵の襲来を心配し

海響館

ヒゲハギ
フグ目 カワハギ科

同館はフグの飼育種類数、日本一！ 希少な種も多い。ヒゲハギは泳ぐ姿が、ゆらゆらと漂う海藻のように見える

ここで見る！ ｜しまね海洋館｜海響館｜

オルネイト・カウフィッシュ
フグ目 イトマキフグ科

よしもとおもしろ

ここで見る！ ｜葛西臨海｜しながわ｜すみだ｜よしもとおもしろ｜海響館｜

海響館

オルネイトとは、「派手に飾り立てた」という意味。オス（上）とメス（下）の模様が違うが、どちらもファッショナブル！

さかなクンからもらった
ハコフグ

もぐらんぴあ

岩手県の「もぐらんぴあ まちなか水族館」では、さかなクンから寄贈された3匹のハコフグが、仲睦まじく泳いでいる。ハコフグの詳細は38ページ参照

さかなクン "ギョギョ！" POINT

さかなクンの帽子は、ハコフグです。小さなころ、福島県のお魚屋さんの水槽でヒレをぱたぱたさせて泳ぐ姿を初めて見て、元気をもらいました。「自分もがんばるゾー！」という気持ちになります。だから、もう10年以上もいつも一緒なんですよ。

ながら泳ぐのです。不器用だけど、その必死さが愛らしい！
フグは縄張り意識が強いものも多く、なかでもモンガラカワハギは気性の荒さで知られています。間延びした長い顔とすぼまった口とで、とぼけた印象ですが、これもフグの仲間です。水槽に2匹入れると大ゲンカが始まる時も‼ 広い海だと逃げることもできますが、水槽ではそうもいきません。お互い大ケガをしてしまう場合もあるので、相性をみるのが大事なのです。

Chapter 3

表情豊か！ お気に入りの子がきっと見つかる
フグ＆ハリセンボン写真館

フグ

ウチワフグ

フグ目 ウチワフグ科

提供／海洋博公園

世界初の飼育例。深海のフグで、驚くとお腹がふくらみ、ウチワを広げたような形になる

ここで見る！ 美ら海

中央アフリカの淡水フグ。成長するにしたがい、体の模様が複雑になる。飼育下でも全長80cmほどになるため、その大きさにも注目

テトラオドン・ムブ

フグ目 フグ科

ここで見る！ アクア・トトぎふ｜海響館

ホワイトバード・ボックスフィッシュ

フグ目 イトマキフグ科

オーストラリアに分布。白×オレンジで派手なのはオス。甲殻類や貝類を食べる

ここで見る！ ｜すみだ｜葛西臨海｜海響館｜

イシガキフグ
フグ目 ハリセンボン科

短い針は、常に立っていて動かない。のんびりした性格で、エサをねだって水鉄砲を飛ばすこともある

ここで見る！ | 碧南海浜 | 鳥羽 | 海遊館 | 神戸須磨 | 和歌山県立 | 玉野海洋 | 海響館 | 海の中道 | うみたまご | 美ら海 |

ネズミフグ
フグ目 ハリセンボン科

アゴと歯が強力！ 水槽のアクリルに歯が当たらないよう、透明なフェンスを設置している

ここで見る！ | おたる | 鴨川 | すみだ | 犬吠埼マリン | 葛西臨海 | 上越市立 | 二見 | 魚っ知館 | 城崎マリン | 海響館 | いおワールド | 美ら海 |

ポーキュパインフィッシュ
フグ目 ハリセンボン科

提供／大阪・海遊館

2005年、国内で初めて繁殖に成功。入手が困難な種だから、同居魚との関係には特に注意を払う

ここで見る！ | 海遊館 | 海響館 | 新屋島 | すみえファミリー | いおワールド |

ハリセンボン

ナマズの仲間

迫力の大型種も、変わり者の小型種もとぼけた顔がキュート!

メコンオオナマズ

ナマズ目 オアンガシウス科

現在、国内では2カ所のみで展示。
同館の個体は、1992年から飼育されている

ビワコオオナマズ

ナマズ目 ナマズ科

かすみがうら

ここで見る! |かすみがうら|琵琶湖博物館|あきついお|

日本の淡水魚のなかでは最大。琵琶湖だけでなく、淀川などの下流域でも生息が確認されている

新屋島

レッドテールキャットフィッシュ

ナマズ目 ピメロドゥス科

名前のとおり赤い尾ヒレと、6本の立派なヒゲがチャームポイント

ここで見る! |浅虫|男鹿GAO|マリンピア松島|いなわしろ淡水魚|かすみがうら|なかがわ水遊園|さいたま|サンシャイン|足立区|すみだ|箱根園|寺泊|上越市立|ぎょぎょランド|アクア・トトぎふ|鳥羽|志摩マリン|神戸須磨|宮島|しまね海洋館|海響館|新屋島|虹の森公園おさかな館|桂浜|あきついお|うみたまご|番匠おさかな館|

地震を予知するといわれたり、〝ひょうたん鯰《なまず》〟という禅問答があったり、古くから親しまれてきたナマズですが、世界には仰天するような仲間がたくさんいます。

巨大な体で見る人の度肝を抜くのは、メコンオオナマズ。体重293kg、体長2・7mの個体がタイで引き上げられ、ギネスブックに記録されています。驚異のサイズですが、日本代表のビワコオオナマズも、最大で体長120cm、体重20kgとかなりの重量感です。

一方で、小さなナマズは、個性派ぞろいです。ゴンズイは、黒地に白のストライプの体と、ピンッと張ったヒゲがおしゃれ。特に幼魚のころは〝ゴンズイ玉〟といわれる集団を形成し、連れ立って行動します。もやもやと動き、水槽に躍動感をプラスします。

レントゲンいらずなのは、トランスルーセントグラスキャットフ

ゴンズイ
ナマズ目 ゴンズイ科

鴨川 / 桂浜

背ビレと胸ビレに毒を持つ。ストライプがくっきりしていれば、若い証拠

ここで見る！

｜おたる｜登別ニクス｜男鹿GAO｜マリンピア松島｜かすみがうら｜鴨川｜葛西臨海｜サンシャイン｜しながわ｜新江ノ島｜マリンピア日本海｜寺泊｜上越市立｜魚津｜越前松島｜伊豆三津｜沼津港深海｜下田海中｜あわしまマリン｜東海大海洋｜名古屋港｜竹島｜碧南海浜｜鳥羽｜京都｜魚っ知館｜海遊館｜神戸須磨｜城崎マリン｜姫路市立｜和歌山県立｜京大白浜｜串本海中｜くじらの博物館｜玉野海洋｜宮島｜しまね海洋館｜宍道湖ゴビウス｜海響館｜なぎさ｜桂浜｜足摺海洋館｜海の中道｜うみたまご｜海きらら｜すみえファミリー｜美ら海｜

長崎ペンギン

ここで見る！
｜アクア・トトぎふ｜長崎ペンギン｜

トランスルーセントグラスキャットフィッシュ
ナマズ目 ナマズ科

番匠おさかな館

頭以外の全身が透明。ゴンズイと同じく、集団で行動する

ここで見る！

｜浅虫｜もぐらんぴあ｜男鹿GAO｜犬吠埼マリン｜サンシャイン｜しながわ｜すみだ｜箱根園｜富士湧水の里｜ねったいかん｜寺泊｜上越市立｜魚津｜越前松島｜鳥羽｜二見｜志摩マリン｜神戸須磨｜海響館｜新屋島｜あきついお｜うみたまご｜番匠おさかな館｜高千穂淡水魚｜

サカサナマズ
ナマズ目 サカサナマズ科

二見

水草や石の裏側などに身を隠す。夜行性なので、暗くなるとそこから抜け出し活動する

ここで見る！

｜もぐらんぴあ｜マリンピア松島｜犬吠埼マリン｜さいたま｜サンシャイン｜しながわ｜富士湧水の里｜寺泊｜魚津｜越前松島｜沼津港深海｜竹島｜ぎょぎょランド｜アクア・トトぎふ｜二見｜志摩マリン｜神戸須磨｜姫路市立｜新屋島｜あきついお｜むつごろう水族館｜

さかなクン"ギョギョ！" POINT

ナマズの仲間の多くは、立派なおひげの持ち主。英語では"cat fish"と呼ばれます。このひげ、なんと物の味がわかる優れもの。動かしたり底に触れさせたりして獲物がいるかどうかを確認しています。ひげの使い方をぜひ観察してみてください。

イッシュ。東南アジアの川に生息しています。体が透明で中の骨格が丸見えですが、ナマズ特有のヒゲはしっかり付いています。

サカサナマズを初めてみたとき、ほとんどの人の頭のなかにクエスチョンマークが浮かぶのではないでしょうか。お腹を水面に、背を底に向けて泳ぐ姿は、まるで世界があべこべになったよう。変わり者ですが、10cmほどと小型なので、観賞魚としても人気です。

ヌタウナギの仲間

古代から姿を変えず生き延びてきた風変わりな生き物

ヌタウナギ　ヌタウナギ目　ヌタウナギ科　沼津港深海

薄暗い水槽でゆっくりうごめく姿が、なんともミステリアス

土用の丑《うし》の日に食べる〝鰻《うなぎ》〟とは、趣を大きく異にするウナギが、深海にいます。その名もヌタウナギ。骨がすべて軟骨で、単純な構造の体をしています。4億数千万年前もの昔に栄え、いまも形をほとんど変えずに生きている原始的な魚です。特徴的なのは、その口。アゴがなく、内側に鋭い鉤《かぎ》のような歯がびっしりと生えています。この口で獲物に吸い付き、肉を削《そ》ぎ取って食べるのです。

獲物を捕まえるため大量に出すヌルヌルとした粘液から、〝ヌタ〟の名がつけられました。これに覆われた獲物は、体の動きを奪われるうえ呼吸困難に陥り、苦しみもがきます。こんな恐ろしいヌタウナギですが、皮がバッグなどの皮革製品に利用されるため、個体数が年々減っています。

また、同じく原始的な仲間に、カワヤツメがいます。一生を海で

ここで見る！ ｜沼津港深海｜あわしまマリン｜名古屋港｜鳥羽｜しまね海洋館｜高千穂淡水魚｜美ら海｜

あわしまマリン

「ふれあい水槽」ではなんと、この謎の深海生物に直接タッチできる

提供：あわしまマリンパーク

あわしまマリン

筒状のものを水槽内に用意すると、こぞって入りたがる

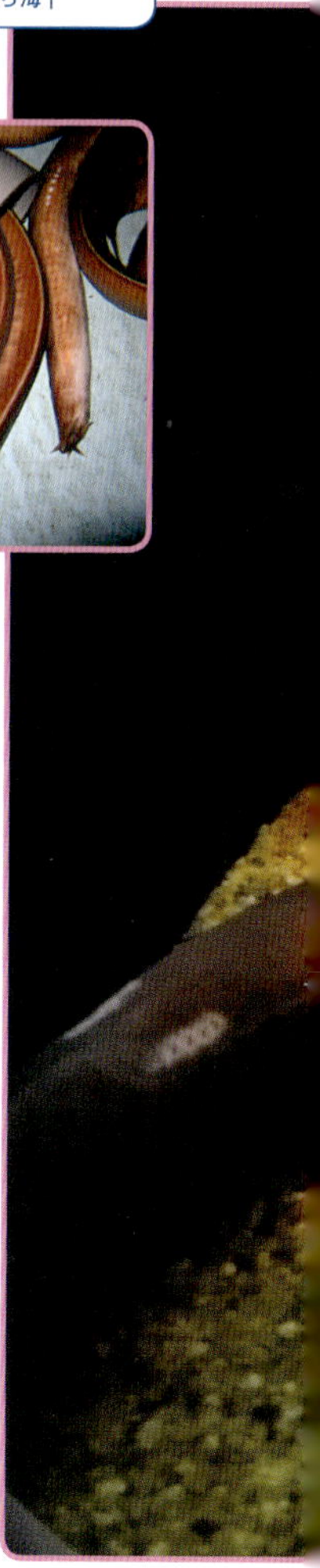

体長40cmほどに成長する。一見とぼけた顔だが、口をよく見るとちょっと不気味！

マリンピア日本海

カワヤツメ　ヤツメウナギ目　ヤツメウナギ科

ここで見る！ ｜マリンピア日本海｜

過ごすヌタウナギと違って、これらは川で生まれます。アンモシーテスという幼生期を過ぎると海に出て、サケなどの魚に吸い付き、寄生虫のようにその血を吸って成長するのです。そして産卵の時期を迎えると、再び川に戻ります。

カワヤツメも川の環境変化や、漢方薬の材料とするための乱獲によって、絶滅が危惧されています。保護が進まないかぎり、いずれは水族館でしか見られないお魚になってしまうかもしれません。

さかなクン "ギョギョ！" POINT

とーっても原始的な生き物のヌタウナギ。親が持つ卵の数は20〜30個ほどで、サケの約3000〜5000個、マンボウの約3億個と比べると極端に少ないです。そのため漁獲などで乱獲されるとすぐに個体数が減ってしまうと心配されています。

アナゴの仲間

海底からニョキニョキ生えてる!?　珍妙にしてデリケートなお魚

チンアナゴ　ウナギ目 アナゴ科

海響館

専用の水流に乗ってプランクトンが流れてくるため、全員そろって同じ方向を向いている

南知多ビーチ

サンゴ礁水槽のなかでも人気抜群!　環境がいいせいか、体を長く伸ばしている

伊豆三津

デリケートな性質に配慮した展示によって、のびのびとした姿を披露

ここで見る!

｜おたる｜登別ニクス｜男鹿GAO｜マリンピア松島｜アクアワールド・大洗｜犬吠埼マリン｜サンシャイン｜品川アクアスタジアム｜しながわ｜すみだ｜新江ノ島｜箱根園｜よしもとおもしろ｜ねったいかん｜足立区｜マリンピア日本海｜寺泊｜魚津｜のとじま｜伊豆三津｜沼津港深海｜東海大海洋｜名古屋港｜南知多ビーチ｜竹島｜碧南海浜｜鳥羽｜志摩マリン｜京都｜魚っ知館｜神戸須磨｜城崎マリン｜姫路市立｜玉野海洋｜宮島｜しまね海洋館｜海響館｜桂浜｜海の中道｜うみたまご｜長崎ペンギン｜いおワールド｜美ら海｜

小さな目で辺りを用心深くうかがい、安全を確認してから、おそるおそる砂のなかから姿を見せる。ニシキアナゴやチンアナゴは、オレンジの縞模様や繊細な水玉模様という見た目のかわいらしいもさることながら、その臆病な姿がかえって愛らしく見えます。

神経質な性格で、「伊豆・三津シーパラダイス」のように、マジックミラーを設けて展示する場合もあります。水槽の向こうに人の動きがチラチラと見えるだけで、砂の中にすっぽり隠れてしまうからです。自然界でも全身を現すことはまずありませんが、全長は30cm以上!　水槽の環境になじめば10～15cmほど伸びることがあるので、気長に観察したいものです。

アナゴの仲間で最もなじみのあるものといえば、食材にもなるマアナゴでしょう。ところがこれも、水族館では全身を見かけることが

神戸須磨 **ニシキアナゴ** ウナギ目 アナゴ科

うみたまご

ここで見る！
｜男鹿GAO｜マリンピア松島｜アクアワールド・大洗｜サンシャイン｜しながわ｜すみだ｜箱根園｜よしもとおもしろ｜ねったいかん｜寺泊｜のとじま｜東海大海洋｜名古屋港｜南知多ビーチ｜竹島｜鳥羽｜志摩マリン｜京都｜神戸須磨｜姫路市立｜宮島｜しまね海洋館｜桂浜｜海の中道｜うみたまご｜いおワールド｜美ら海｜

細長い体ながら、鮮やかなオレンジと白のストライプで、水槽のなかでの存在感は随一

よしもとおもしろ

ここで見る！
｜男鹿GAO｜マリンピア松島｜加茂｜アクアワールド・大洗｜葛西臨海｜しながわ｜新江ノ島｜よしもとおもしろ｜魚津｜のとじま｜越前松島｜あわしまマリン｜東海大海洋｜竹島｜碧南海浜｜鳥羽｜神戸須磨｜姫路市立｜和歌山県立｜玉野海洋｜宮島｜しまね海洋館｜海響館｜新屋島｜

マアナゴ ウナギ目 アナゴ科

アナゴ専用マンション「アナゴタウン」では、窓から頭やしっぽを出すアナゴの姿が見られる

よしもとおもしろ

さかなクン"ギョギョ！"POINT
チンアナゴは正面からのお顔にギョョ注目！ お目めがと〜っても大きく、への字口。意外にかわいらしいお顔が、イヌの狆(ちん)にそっくりだから名付けられたということです。チンじられないようなエピソードですね！

少ない生き物です。用意された筒状の巣穴に、まるで満員電車のようなぎゅうぎゅう詰めで入り込んでいるからです。

巣穴の端から一様に顔だけを見せている姿は、ほのぼのとした笑みを誘いますが、同時に「なぜこんな狭い場所に？」という疑問もわきます。マアナゴの仲間は、何かに体が接していないと落ち着かないという習性があります。仲間と押しくらまんじゅうしている方が、居心地がいいのです。

深海の底をのしのしと歩く姿が愛おしい

アンコウの仲間

なぎさ

エサの時間を公開。
ふだんはのんびりしているカエルアンコウが、
どんな動きを見せるのか？

ここで見る！ ｜品川アクアスタジアム｜よしもとおもしろ｜沼津港深海｜東海大海洋｜城崎マリン｜和歌山県立｜なぎさ｜海の中道｜海きらら｜

カエルアンコウ アンコウ目 カエルアンコウ科

沼津港深海

ミドリフサアンコウ
アンコウ目 フサアンコウ科

水深90 ～ 500m近くの海底に生息。よく観察すると、表面を小さなトゲに覆われているのがわかる

ここで見る！ ｜鴨川｜沼津港深海｜海遊館｜海響館｜

お魚の移動の仕方には、いくつかパターンがあります。一直線に海中を突っ切る、鳥のように羽ばたいて舞い泳ぐ、海底を這うなどなど……。そして、のっしのっしと歩くものもいます。アンコウの仲間です。じーっとしている時間が多いですが、運がよければ歩いている姿を目撃できるでしょう。

もちろん、アンコウに脚はありません。発達した丈夫な胸ビレを交互に動かして移動する姿が、2本脚で歩いているように見えるのです。シーラカンス（42ページ）にも見られる特徴ですが、魚類が陸に上がるときに、この胸ビレが手に、腹ビレが脚に進化したとされています。

ずんぐりむっくりした姿形もあいまって、赤ちゃんがハイハイしているようで、思わず応援したくなります。緩慢な動きに見えますが、獲物に気付かれずに忍び寄る

あわしまマリン

提供／あわしまマリンパーク

ここで見る！　｜伊豆三津｜沼津港深海｜あわしまマリン｜

アカグツ　アンコウ目 アカグツ科

胸ビレがカエルの脚のように広がっている。
上から見て、その形を確かめたい

あわしまマリン

提供／あわしまマリンパーク

名古屋港

ここで見る！　｜新江ノ島｜あわしまマリン｜東海大海洋｜名古屋港｜竹島｜

チョウチンアンコウ（標本）

アンコウ目 チョウチンアンコウ科

標本になっているのはすべてメス。
ルアーの役割を果たす誘引突起は、鈍く光る

鴨川

キアンコウ　アンコウ目 アンコウ科

最大で全長1.5mにもなる大型のアンコウ。
自分の体より大きな獲物を食べることもある

ここで見る！　｜アクアワールド・大洗｜鴨川｜伊豆三津｜沼津港深海｜名古屋港｜志摩マリン｜しまね海洋館｜なぎさ｜

さかなクン“ギョギョ！”POINT

不思議な姿のチョウチンアンコウとその仲間。実はこの姿をしているのはみ～んなメス。オスの体はメスと比べるととても小さい！　この仲間のなかには、オスがメスに出会えたとき、噛み付いて一心同体になってしまうことが知られています。

のには最適です。射程距離まで近づくと……ガブッ！　一瞬にして仕留めます。そのスピードは、スローモーション映像でも捉えきれないほど。アンコウは決して鈍い生き物ではないのです。

　カラフルなカエルアンコウの仲間や、水玉模様のミドリフサアンコウ、擬態して深海の砂地にとけ込んでいるキアンコウなど、見た目のバリエーションが豊富であることも、水族館における観賞ポイントのひとつです。

深海魚

まるで宇宙生物!?　謎にあふれた深～い海の住人たち

登別ニクス

サケビクニン　カサゴ目 クサウオ科

ここで見る!　|登別ニクス|アクアワールド・大洗|葛西臨海|沼津港深海|魚っ知館|

水深100～500mより採捕される。海底に腹ばいになって生活している。ヌボッとした姿が密かな人気

ザラビクニン

カサゴ目 クサウオ科

日本海の底に広がる、水温1～2℃の固有水といわれる水域に生息している深海魚

上越市立

ここで見る!　|男鹿GAO|マリンピア日本海|上越市立|魚津|のとじま|越前松島|志摩マリン|

男鹿GAO

ここで見る!　|男鹿GAO|魚津|のとじま|

イサゴビクニン

カサゴ目 クサウオ科

オホーツク海や日本海、北海道太平洋沿岸などに分布。腹側に吸盤がある

深海魚とは、水深200mより深い海中に住む魚のこと。光が届かず、水圧が重くのしかかる世界を生き抜くために、お魚たちは自らの体にさまざまな工夫をこらしています。

わずかな光を捕らえるために巨大な目をもつ魚がいれば、ヌタウナギ（78ページ）のように見ることを諦め、目が退化した魚もいます。ビクニンの仲間の体がブヨブヨなのは、水圧に押しつぶされないよう体に水分をたっぷりふくんでいるからです。

深海魚の多くは、捕獲されたときに水圧の差に耐えきれず、死んでしまうため、生態で解明されていない部分は多くあります。しかし、「東海大学海洋科学博物館」をはじめ、研究、飼育に熱心な水族館も多数あります。ミステリアスな深海魚、一度目にするとファンになってしまうかも！

Column

リュウグウノツカイ

竜宮城に連れて行って！ リボンのような体の神秘的な深海魚

乙姫さまが住む竜宮城からの使者――そんなファンタジックな名前をもつリュウグウノツカイ。輝く銀色の体は薄く、リボンのように長く、全長が7mほどの個体もいます。

打ち上げられた個体の多くは、尾の部分が切れています。敵に出会うと、トカゲのしっぽのように自分で切ると推測されています。

捕獲されても生き延びることはまずなく、2010年、「九十九島水族館 海きらら」が生きて泳いでいる姿を公開したのが国内唯一の展示例です。34分後には死亡しましたが、その様子は映像にも収められ、同館で公開されています。

リュウグウノツカイが現れると天変地異の前触れという言い伝えがあります。真偽のほどは不明ですが、何かを予知してもおかしくないぐらい、神秘的な存在だということでしょう。

ここで見る！ |サンシャイン|魚津|越前松島|沼津港深海|東海大海洋|海響館|桂浜|海の中道|うみたまご|海きらら|美ら海|

提供／東海大学海洋科学博物館

東海大海洋

「駿河湾の深海生物」には深海生物の標本が約160種類。リュウグウノツカイはペア（オス＝4.85m、メス＝5.18m)を展示

リュウグウノツカイ(標本)

アカマンボウ目 リュウグウノツカイ科

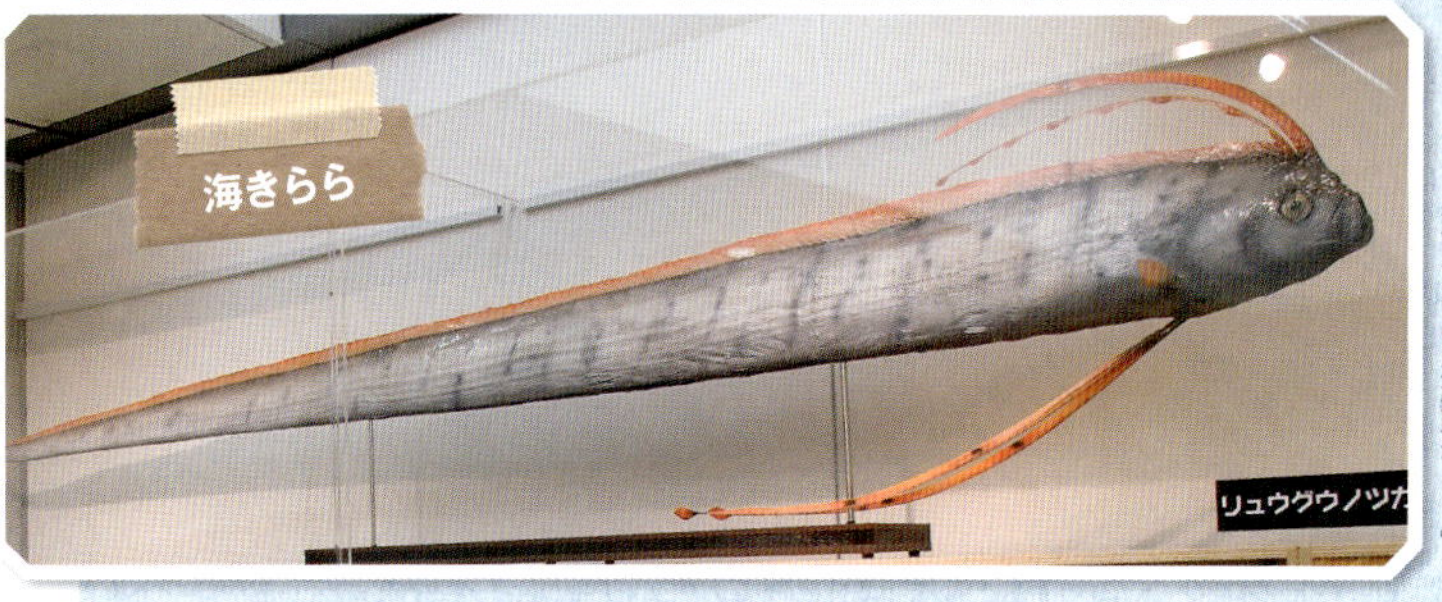

海きらら

提供／九十九島水族館「海きらら」

ラボコーナーにて、同館の大水槽で泳いだ貴重な映像とともに展示

美ら海

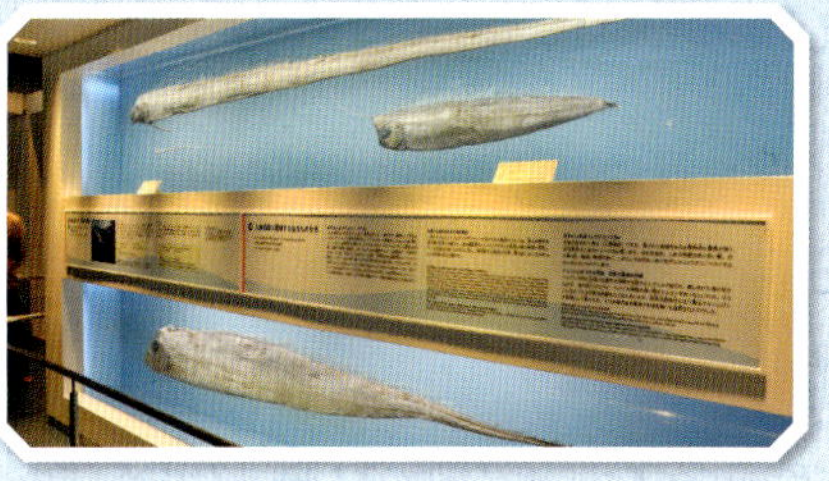

提供／海洋博公園

珍妙な顔つき、薄くて長〜い体。標本だからこそ、つぶさに観察できる

イカの仲間

泳ぐ、歩く、砂に潜る。個性派ぞろいで観察しがいあり！

Chapter 3

アオリイカ ツツイカ目 ヤリイカ科

城崎マリン

近海の藻場で採取できるイカを展示。春はコウイカ、秋はアオリイカが中心

ここで見る！ ｜浅虫｜男鹿GAO｜加茂｜葛西臨海｜サンシャイン｜新江ノ島｜越前松島｜鳥羽｜魚っ知館｜海遊館｜玉野海洋｜しまね海洋館｜海響館｜うみたまご｜いおワールド｜美ら海｜

ヤリイカ
ツツイカ目 ヤリイカ科

浅虫

青森県沿岸の定置網にかかった個体を、ゆずり受けた。スリムで透明感のある体が美しい

ここで見る！ 浅虫

イカと聞いてまず思い浮かぶのは、食材にもなるヤリイカやスルメイカ、ケンサキイカでしょう。

しかし、こうしたロケットのような姿で海中を突っ切って泳ぐイカは、実は飼育が難しいのです。デリケートな性格のため、ささいなことで驚き、急突進しては水槽の壁にぶつかり、ケガをしたり死んだりしてしまうからです。だからこそ、展示している水族館は貴重。いつも食べているイカが泳ぐ姿を、しっかり目に焼き付けたいものです。

反対に、飼育しやすいのは、コブシメやハナイカといったコウイカ科の仲間。泳ぎがあまり得意ではないという共通点があります。

海で生活しているのに泳ぎが苦手とは不思議に聞こえますが、コブシメは海底を這うようにして移動します。ハナイカは、腕を交互に出して、カラフルな突起をもつ

コブシメ
コウイカ目　コウイカ科

成長すると胴の長さが50cmになることもある、大型のイカ。ずんぐりとした頭が特徴的

浅虫

ここで見る！｜浅虫｜サンシャイン｜鳥羽｜美ら海｜

ミミイカ　コウイカ目　ダンゴイカ科

浅虫

小さくて、愛らしい。体をごそごそと動かして、砂に潜る姿を観察できたらラッキー！

ここで見る！｜浅虫｜サンシャイン｜しまね海洋館｜

ヒメイカ
コウイカ目　コウイカ科

玉野海洋

ここで見る！｜浅虫｜玉野海洋｜

小さいうえに、海藻の陰に隠れているので、よく探さないと見つからないかも……

ハナイカ
コウイカ目　コウイカ科

串本海中

提供：串本海中公園センター

ここで見る！｜浅虫｜サンシャイン｜沼津港深海｜京都｜しまね海洋館｜

動かずにじっとしていることが多いが、よく見ると体の模様がネオンサインのように動き出す

さかなクン "ギョギョ！" POINT

優雅に泳ぎ、色を瞬時に変え、スミを吹く。さまざまな技を持つイカの仲間たちは実は進化した貝。アワビやサザエなど巻貝の仲間に近いとされています。イカをお料理すると出てくる軟甲や骨、甲、足(腕)と呼ばれるものが元は貝殻だったんです。

よちよちと海底を歩くようにして進みます。周囲の状況に合わせて、体の色が変わるので、見ていて飽きません。

ミニサイズの仲間も、飼育に向いています。ヒメイカは体長わずか1〜2cm。海藻に隠れるようにして生活し、活発に泳ぎ回ることはありません。また、ミッキーマウスのような耳を持つミミイカは、ホタルイカ程度の大きさの小型種。砂に潜っているので、観察して見つけてあげてください。

087

※「浅虫水族館」でのイカの展示は、種類によって季節限定となります。

Chapter 3

タコの仲間

まさに海の忍者！　驚きの習性から目が離せない

伊豆三津

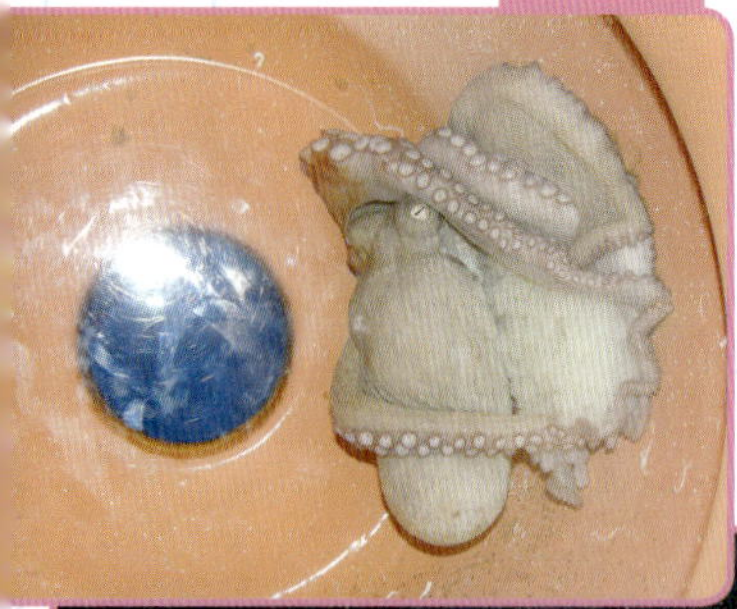

マダコ　八腕形目 マダコ科

タコ壺をのぞき込むようにして観察できる

鴨川

ここで見る！

｜浅虫｜加茂｜アクアワールド・大洗｜鴨川｜葛西臨海｜しながわ｜新江ノ島｜よしもとおもしろ｜マリンピア日本海｜魚津｜のとじま｜伊豆三津｜沼津港深海｜南知多ビーチ｜碧南海浜｜鳥羽｜京都｜海遊館｜和歌山県立｜京大白浜｜くじらの博物館｜玉野海洋｜宮島｜海響館｜なぎさ｜新屋島｜海の中道｜海きらら｜

海の忍者と言われるタコですが、水族館でも変幻自在な姿を見せてくれます。

日本近海には約60種のタコがいるといわれていますが、最もよく知られているのは、マダコやミズダコでしょう。自然界では岩陰で身を潜めていますが、水族館でも多くの時間は、タコ壺のなかでじっとしていますが、目だけはぐるぐる動いています。タコの目はとても発達していて、常に獲物を狙っているのです。

でも、活発に動き回ることもあるので、そんな場面に出くわしたら観察のチャンスです。水槽の上にほんの小さな隙間でも見つけたら、体をくねくねさせて脱出！　水槽の外に出ても干物になるだけなのに……ということもあるようです。だから、水族館によっては、タコの水槽の上に漬物石のような大きな重しをのせて、逃げ出すの

ミズダコ 八腕形目 マダコ科

越前松島
1年中いつでも触れ合いができる。孵化した稚ダコを毎年、期間限定で展示する

マリンピア松島

しまね海洋館
提供：島根県立しまね海洋館
脱走防止のため、水槽上部にフタを設置している

夜行性なので、水槽内の昼夜を逆転することで、活発に動くよう工夫している

ここで見る！
おたる｜オホーツクタワー｜浅虫｜男鹿GAO｜マリンピア松島｜加茂｜アクアワールド・大洗｜サンシャイン｜しながわ｜すみだ｜新江ノ島｜マリンピア日本海｜寺泊｜上越市立｜魚津｜のとじま｜越前松島｜東海大海洋｜名古屋港｜志摩マリン｜京都｜魚っ知館｜海遊館｜神戸須磨｜城崎マリン｜玉野海洋｜宮島｜しまね海洋館｜海の中道｜うみたまご

ミミックオクトパス／ゼブラオクトパス
八腕形目 マダコ科

サンシャイン

沼津港深海

現在、2館だけで飼育、展示している希少種。忍者ぶりを目撃できるか!?

ここで見る！ ｜サンシャイン｜沼津港深海

を防いでいます。個性的な仲間もたくさんいます。ミミックオクトパスもそのひとつ。ゼブラオクトパスと呼ばれることもあります。ミミックとは「擬態」の意。写真のように白黒の縞模様なのは、天敵に襲われて威嚇するとき。忍術のように、一瞬にして変わります。ほかにも、ヒラメやウミヘビになりきることもできます。そのレパートリーは20〜30種！人間の忍者より変身上手かもしれません。

さかなクン "ギョギョ！" POINT

タコの仲間が、8本の足（腕）をぐるぐるとしごくように動かすことがあります。こうして、古くなった吸盤の表面を脱皮させるのでギョざいます。吸盤は物に強力に吸い付くほかに、味もわかるといわれていて、常にきれいに保っているんですね。

Chapter 3

エビの仲間

たくさんいる仲間を区別する方法、知っていますか？

セミエビ エビ目 セミエビ科

二見

ここで見る！ |おたる|浅虫|アクアワールド・大洗|新江ノ島|箱根園|よしもとおもしろ|寺泊|あわしまマリン|南知多ビーチ|碧南海浜|鳥羽|二見|志摩マリン|海遊館|神戸須磨|和歌山県立|京大白浜|串本海中|エビとカニ|宮島|海響館|新屋島|桂浜|足摺海洋館|海の中道|うみたまご|海きらら|すみえファミリー|美ら海|

手で触れられるコーナーを用意。ゴツゴツとしたセミエビの背中は、どんな感触？

フリソデエビ エビ目 フリソデエビ科

エビとカニ

オス同士で同じ水槽に入れると縄張り争いが始まるので、必ずオスメスのカップルで飼育している

ここで見る！ |アクアワールド・大洗|新江ノ島|よしもとおもしろ|寺泊|魚津|下田海中|あわしまマリン|東海大海洋|エビとカニ|海の中道|うみたまご|

クルマエビ、イセエビ、サクラエビ……。食卓に上ることも多いエビですが、それぞれ姿形や生態が違います。日本語ではすべて〝エビ〟とまとめられていますが、英語とともに見ていくと、その違いを覚えやすいでしょう。

まず、お腹から出ている〝腹肢〟と呼ばれる脚を使って泳ぐ、遊泳性が高いエビがいます。このうち小型のものがshrimp、サクラエビがこれにあたります。中型のものはprawn、身近な例でいうとクルマエビです。

これに対してイセエビのように、海底を歩く仲間はLobster。戦車のようにいかつい体を〝胸脚〟で支えながら、前進します。歩き方は素早くないものの、敵に出くわすと腹部の筋肉を使い、一瞬にして後方に飛び退ります。主に岩礁に住んでいますが、水族館によってはゴツゴツした岩を水槽に入れ

ショウグンエビ
エビ目 ショウグンエビ科

将軍と勇ましい名に反して、愛らしい。警戒心が強いので、岩陰から全身を出すことは、めったにない

エビとカニ

ここで見る！ ｜おたる｜浅虫｜アクアワールド・大洗｜なかがわ水遊園｜葛西臨海｜品川アクアスタジアム｜しながわ｜すみだ｜新江ノ島｜箱根園｜よしもとおもしろ｜のとじま｜伊豆三津｜下田海中｜あわしまマリン｜名古屋港｜南知多ビーチ｜竹島｜碧南海浜｜鳥羽｜二見｜志摩マリン｜京都｜海遊館｜神戸須磨｜姫路市立｜和歌山立｜京大白浜｜串本海中｜くじらの博物館｜エビとカニ｜玉野海洋宮｜しまね海洋館｜海響館｜新屋島｜足摺海洋館｜うみたまご｜長崎ペンギン｜海きらら｜すみえファミリー｜いおワールド｜

イセエビ
エビ目 イセエビ科

「エビ水槽」では、上から覗きこんで観察できる。イセエビのほか、常時約10種のエビ類を展示

海きらら

提供：九十九島水族館「海きらら」

ここで見る！ ｜品川アクアスタジアム｜沼津港深海｜碧南海浜｜京大白浜｜エビとカニ｜美ら海｜

テナガエビ
エビ目 テナガエビ科

相模川に生息する生き物として展示。食事の様子を観察できるフィーディングタイムを毎日実施

碧南海浜

オトヒメエビ
エビ目 オトヒメエビ科

体長約6cmの小さなエビ。ヒゲが長〜い。魚についた寄生虫などを食べている

相模川ふれあい

ここで見る！ ｜登別ニクス｜浅虫｜男鹿GAO｜マリンピア松島｜アクアワールド・大洗｜鴨川｜品川アクアスタジアム｜しながわ｜新江ノ島｜よしもとおもしろ｜ねったいかん｜マリンピア日本海洋｜寺泊｜上越市立｜沼津港深海｜下田海中｜あわしまマリン｜東海大海洋｜名古屋港｜南知多ビーチ｜碧南海浜｜鳥羽｜二見｜志摩マリン｜京都｜魚っ知館｜城崎マリン｜和歌山県立｜串本海中｜エビとカニ｜玉野海洋｜宮島｜海響館｜新屋島｜桂浜｜足摺海洋館｜海の中道｜うみたまご｜海きらら｜すみえファミリー｜いおワールド｜美ら海｜

ここで見る！ ｜アクアワールド・大洗｜なかがわ水遊園｜さいたま｜井の頭自然文化園｜相模川ふれあい｜箱根園｜足立区｜沼津港深海｜あわしまマリン｜アクア・トトぎふ｜森の水族館｜琵琶湖博物館｜姫路市立｜和歌山県立｜エビとカニ｜宮島｜宍道湖ゴビウス海響館｜虹の森公園おさかな館｜あきついお｜長崎ペンギン｜海きらら｜高千穂淡水魚｜すみえファミリー｜

さかなクン "ギョギョ！" POINT

エビをゆでたり焼いたりすると赤くなるのは、体内にアスタキサンチンという赤色の色素を持っているから。「エビでタイを釣る」という諺の通り、マダイはエビ類をよく食べます。色素も一緒に取り込んで、体を赤くさせるのでギョざいますね！

水族館にはほかにも、フリソデエビやショウグンエビなど、装飾的なエビがいます。フリソデエビはドレスアップしたような甲羅でとても可憐なエビです。つがいで暮らしていますが、夫婦力を合わせて、獲物であるヒトデを襲います。さらに、自分たちの体よりずっと大きなものでも食べてしまうという、ワイルドな一面も持ち合わせているということです。

カニの仲間

大きさもハサミの形もバリエーション豊富!

鴨川

タカアシガニ

十脚目 クモガニ科

オス同士がケンカして
自慢の長い脚が折れないように
気を配っている

ここで見る!

|浅虫|男鹿GAO|アクアワールド・大洗|鴨川|葛西臨海|サンシャイン|品川アクアスタジアム|しながわ|新江ノ島|箱根園|ねったいかん|寺泊|上越市立|のとじま|伊豆三津|沼津港深海|下田海中|あわしまマリン|東海大海洋|名古屋港|竹島|碧南海浜|鳥羽|志摩マリン|魚っ知館|海遊館|神戸須磨|城崎マリン|和歌山県立|京大白浜|エビとカニ|玉野海洋|宮島|しまね海洋館|海響館|新屋島|桂浜|足摺海洋館|海の中道|うみたまご|長崎ペンギン|海きらら|いおワールド|美ら海|

エビとカニ

イナバウアーならぬ
「カニバウアー」を披露!

トラフカラッパ

十脚目 カラッパ科

カラッパとは、ヤシの実のこと。
ずんぐりしたシルエットが似ている

エビとカニ

ここで見る!

|男鹿GAO|品川アクアスタジアム|よしもとおもしろ|寺泊|伊豆三津|沼津港深海|下田海中|あわしまマリン|東海大海洋|竹島|鳥羽|志摩マリン|和歌山県立|京大白浜|エビとカニ|海響館|長崎ペンギン|海きらら|美ら海|

タカアシガニは、何度見ても新鮮な驚きを与えてくれます。世界最大の節足動物で、その大きさとゆったりとした動きには、圧倒させられるばかりです。

生き物は大きくなるほど、敵が少なくなります。脚を広げると最大で全長3mほどにもなるカニを食べられる生き物は、海のなかでも限られています。そんなタカアシガニも、生まれたときは1㎜にも満たない卵です。ここまで大きく成長するには、長年の月日を要します。そのあいだに襲われても逃げきり、食べられることを免れた個体だけが、こうして堂々とした姿を獲得できるのです。

これとは対照的に、繊細な姿のカニもいます。ミズヒキガニは、のし袋に使われる水引のような細い脚をから名付けられました。甲羅の大きさは約1㎝。多くのカニは1番目の脚がハサミになってい

ベニシオマネキ

十脚目 スナガニ科

マリンピア日本海

オスだけ片方のハサミが大きくなる。しかもきれいな赤い色！　甲羅の幅は約2.5cm

ここで見る！ ｜おたる｜アクアワールド・大洗｜マリンピア日本海｜エビとカニ｜いおワールド｜美ら海｜

竹島

赤ちゃんイガグリガニのかわいさ！

宮島

イガグリガニ

十脚目 タラバガニ科

全身を覆う、鋭いトゲ！　2本のハサミ＋6本の脚はヤドカリの仲間の特徴

ここで見る！ ｜アクアワールド・大洗｜鴨川｜新江ノ島｜沼津港深海｜あわしまマリン｜名古屋港｜竹島｜鳥羽｜志摩マリン｜魚っ知館｜海遊館｜エビとカニ｜宮島｜海響館｜

ミズヒキガニ

十脚目 ミズヒキガニ科

まるでクモのような、細くて長い脚。砂に潜って隠れることもある

エビとカニ

ここで見る！ ｜浅虫｜沼津港深海｜和歌山県立｜エビとカニ｜

ますが、この仲間は４番目の脚もハサミの形をしています。

カニのように見えて、ヤドカリの仲間もいます。食用でおなじみのタラバガニや、甲羅も脚もトゲトゲしたイガグリガニがこれに当たります。

このように、カニは種類によって大きさはもちろんのこと、甲羅の形、脚の形、目の位置がそれぞれ異なります。ディテールに至るまでの観察を重ねても飽きない奥深さが、カニにはあります。

さかなクン“ギョギョ！”POINT

カニの仲間は、脱皮をして大きくなります。脱皮後は全身がぶよぶよと柔らかく、ほかのお魚やカニに食べられることも！　脱皮前には食事をとらなくなるため、これに気づいた飼育員さんが安心して脱皮できる別の水槽に移すこともあります。

タツノオトシゴの仲間

ウマのような顔、オスが産卵!? 何から何まで個性的

リーフィーシードラゴン

トゲウオ目 ヨウジウオ科

神戸須磨

ここで見る!
|葛西臨海|箱根園|神戸須磨|

葛西臨海

提供／葛西臨海水族園

ヒラヒラと海藻のように見えるのは、皮膚が変化したもの。水に揺れる様子が神秘的

オオウミウマ

トゲウオ目 ヨウジウオ科

タツノオトシゴより、黒くて大型。卵は800個ほど産む

登別ニクス

ここで見る!
|千歳サケ|おたる|登別ニクス|男鹿GAO|かすみがうら|鴨川|品川アクアスタジアム|サンシャイン|新江ノ島|ねったいかん|足立区|寺泊|上越市立|伊豆三津|沼津港深海|下田海中|鳥羽|志摩マリン|城崎マリン|京大白浜|宮島|新屋島|海の中道|長崎ペンギン|

馬のように長い顔と、丸い腹、くるんと丸まった尾。どこから見ても不思議な姿をしているのが、タツノオトシゴの仲間です。元来この仲間は、泳ぎが得意ではありません。短くて薄い背ビレを懸命に動かして泳ぐ姿もまれに見られますが、だいたいは海藻やサンゴに尾を絡めて、流されないようにしています。リーフィーシードラゴンやウィーディーシードラゴンのように、海藻に擬態するものもいます。

繁殖方法が独特なことでも知られています。メスがオスのお腹にある〝保育のう〟と呼ばれる袋に卵を産み、そこで孵化させます。ある程度、育ってから外の世界へと生み出すため、まるでオスが出産したかのように見えるのです。

しかし、繁殖と飼育はそれほど容易ではありません。この仲間のえさは、プランクトン。スポイト

Column

ヨウジウオの仲間

糸くずに間違えないで！ こう見えて、僕たちだってお魚です

ふわふわと漂う糸くず……？ いえいえ、ヨウジウオの仲間です。タツノオトシゴと近い仲間であることは、細く伸びた口を見ればわかるでしょう。繁殖の方法も近いものがあり、メスはオスの腹部に卵を産みます。

あまりに細長いので見落としがちですが、カラフルな縞模様のオイランヨウジや、ウツボなどの体についた寄生虫を食べることで共生しているヒバシヨウジなど、それぞれの個性に注目です。

しまね海洋館

提供／島根県立しまね海洋館

オイランヨウジ

トゲウオ目 ヨウジウオ科

浅い岩場の陰やサンゴ礁のすきまに生息する。ビビッドな縞模様がきれい！

ここで見る！ | おたる | 登別ニクス | サンシャイン | ねったいかん | 寺泊 | 沼津港深海 | 東海大海洋 | 竹島 | しまね海洋館 | 海の中道 | 美ら海 |

箱根園

ヒバシヨウジ

トゲウオ目 ヨウジウオ科

全長6cmほど。ウツボなどとの相利共生で有名！

ここで見る！ | 品川アクアスタジアム | 箱根園 | 碧南海浜 | 海の中道 |

ウィーディーシードラゴン

トゲウオ目 ヨウジウオ科

オーストラリアに分布。リーフィーシードラゴンよりも大型に成長する

サンシャイン

ここで見る！ | アクアワールド・大洗 | サンシャイン | 鳥羽 | 志摩マリン | 宮島 |

いおワールド

ここで見る！ | 浅虫 | | マリンピア松島 | かすみがうら | 鴨川 | 葛西臨海 | サンシャイン | すみだ | 新江ノ島 | マリンピア日本海 | 寺泊 | 越前松島 | 下田海中 | あわしまマリン | 名古屋港 | 鳥羽 | 志摩マリン | 魚っ知館 | 城崎マリン | 姫路市立 | 和歌山県立 | 玉野海洋 | 宮島 | しまね海洋館 | 海響館 | なぎさ | 新屋島 | うみたまご | 長崎ペンギン | いおワールド |

タツノオトシゴ

トゲウオ目 ヨウジウオ科

繁殖した個体20尾程度を展示している。繁殖したカクレクマノミと並べて公開

のように長く伸びた口で、吸い込むようにして食事しますが、生きた状態で与えないとほとんど食べません。手間はかかりますが、水族館で必ず見かけることができるのは、それだけ人気が高い証しでしょう。

Chapter 3

擬態するお魚たち

水槽のなかで、かくれんぼ。目を凝らしても、見つからない!?

男鹿GAO

神戸須磨

リーフフィッシュ　スズキ目 ポリケントルス科

泳いでいても、落ちた葉が水中を漂っているようにしかみえない。お見事!

ここで見る!　|男鹿GAO|しながわ|よしもとおもしろ|富士湧水の里|足立区|魚津|神戸須磨|姫路市立|宮島|新屋島|

浅虫

ここで見る!　|浅虫|もぐらんぴあ|男鹿GAO|マリンピア松島|加茂|アクアワールド・大洗|鴨川||品川アクアスタジアム|魚津|のとじま|越前松島|伊豆三津|名古屋港|竹島|碧南海浜|鳥羽|城崎マリン|しまね海洋館|海響館|

色といい、平べったい体といい、水槽底の砂と完全に一体化。じっとしていると見つけられない!

ババガレイ　カレイ目 カレイ科

水槽のなかに、魚がまったくいない!? 慌てずに、じーっと目を凝らしてください。目の前に見える岩、実は魚ではありませんか?

カサゴの仲間であるオニダルマオコゼは、岩に擬態し、動かないことで完全に周囲の風景にとけ込みます。じーっとしすぎて、体の表面から藻が生え、小さな貝などが付着しているほどです。しかし、その目は絶えず動いて辺りを観察し、ゆっくりとではありますがエラが動き、確かにそこに生きていることを教えてくれます。こうして知らずに近づいてきたお魚を捕らえ、エサにしているのです。

このように獲物を獲えるために擬態する生き物がいれば、天敵から身を隠すため、ほかのものになりきる生き物もいます。代表的な存在が、リーフフィッシュ。水族館でも植物と一緒に展示されていることが多いですが、これまた、

モクズショイ　十脚目 クモガニ科

桂浜

季節に合わせたカラーのものを、体に付着させる。もはやカニには見えない!?

エビとカニ

あまり背負っていないと、本来の姿形がはっきりわかる

ここで見る!

|品川アクアスタジアム|しながわ|すみだ|よしもとおもしろ|魚津|伊豆三津|沼津港深海|東海大海洋|名古屋港|碧南海浜|鳥羽|姫路市立|和歌山県立|京大白浜|串本海中|エビとカニ|宮島|しまね海洋館|海響館|新屋島|桂浜|長崎ペンギン|海きらら|すみえファミリー|

名古屋港

ココ!

オニダルマオコゼ　カサゴ目 オニオコゼ科

よしもと

ココ!

オニダルマオコゼの模型が何体か、水槽に沈められている。本物と偽物を見分けるクイズ形式の展示

ここで見る!

|登別ニクス|男鹿GAO|犬吠埼マリン|葛西臨海|品川アクアスタジアム|すみだ|よしもとおもしろ|マリンピア日本海|伊豆三津|沼津港深海|東海大海洋|名古屋港|南知多ビーチ|碧南海浜|鳥羽|神戸須磨|城崎マリン|和歌山県立|宮島|しまね海洋館|海響館|新屋島|足摺海洋館|うみたまご|美ら海|

さかなクン“ギョギョ！”POINT

オニダルマオコゼは、背中のトゲに猛毒を持ちます。サンゴ礁や岩礁の浅瀬に暮らし、ときには砂に潜っていることも。誤って触れたり踏んだりしないよう気をつけましょう。でも、上を向いた小さな目と大きな口は、よく見るとかわいいですよ！

どこに隠れているのかわからない！　居場所がわかっても、どこからどう見ても葉っぱにしか見えない擬態ぶりに驚かされます。

ユニークな方法で身を隠しているのは、カニの仲間であるモクズショイ。その名のとおり、藻屑《もくず》などいろんなものを背負《しょ》いこんで、自分の体を見えなくしています。水族館によっては、カラフルな毛糸や、季節をイメージさせるものなど、凝ったものを背負わせているので一見の価値ありです。

芸やワザを見せるお魚たち

自然界での習性を応用し、エンタテイメントに仕立てる

アクア・トトぎふ

テッポウウオ

スズキ目　テッポウウオ科

毎日フィーディングウォッチを実施。テッポウウオが水鉄砲を飛ばす様子を間近に観察できる

上越市立

ここで見る!

｜マリンピア松島｜かすみがうら｜サンシャイン｜品川アクアスタジアム｜しながわ｜箱根園｜ねったいかん｜足立区｜マリンピア日本海｜上越市立｜のとじま｜東海大海洋｜名古屋港｜アクア・トトぎふ｜鳥羽｜神戸須磨｜玉野海洋｜宮島｜海響館｜新屋島｜虹の森公園おさかな館｜あきついお｜海の中道｜うみたまご｜高千穂淡水魚｜

よしもとおもしろ

イシダイ

スズキ目　イシダイ科

調教し、ボールをつついて穴に落とすワザを習得。毎日、披露している

ここで見る!

｜標津サーモン｜浅虫｜男鹿GAO｜加茂｜アクアワールド・大洗｜鴨川｜しながわ｜新江ノ島｜箱根園｜よしもとおもしろ｜マリンピア日本海｜上越市立｜魚津｜のとじま｜越前松島｜伊豆三津｜下田海中｜あわしまマリン｜竹島｜鳥羽｜二見｜京都｜海遊館｜神戸須磨｜城崎マリン｜姫路市立｜和歌山県立｜京大白浜｜串本海中｜くじらの博物館｜玉野海洋｜宮島｜しまね海洋館｜海響館｜なぎさ｜新屋島｜桂浜｜海の中道｜うみたまご｜海きらら｜すみえファミリー｜

お魚の習性を見る人によりわかりやすく伝えるために、水族館では実演を交えるなど、展示を工夫することがよくあります。

その1例が、陸にいる昆虫を食べるテッポウウオ。口から水をピュッ！　と鋭く吹き出して、虫を水面に撃ち落とします。虫の代わりのエサを用意し、この百発百中の華麗なワザを披露する水族館もあります。

白と黒の大きなストライプが目印のイシダイは、輪くぐりや、紐を引っぱってドアを開ける芸が得意。磯に暮らし、ほかの魚があまり手を出さないようなものをエサとするお魚です。エビやカニ、貝類、ウニ、フジツボ……固いものばかり。イシダイは頑丈なアゴと鋭い歯でこれらをバリバリ噛み砕いて食事をします。狙った獲物の動きをよく観察する注意力、獲物の行動パターンを覚える学習能力

3章 笑えてなごむ！個性的でユニークなお魚たち

マリンピア松島

デンキウナギ
デンキウナギ目 デンキウナギ科

発電時の電位分布をモニターに表示。「ビリッとしびれてみよう！」と題して、感電体験も1日2回開催している

アクア・トトぎふ

ここで見る！ ｜おたる｜男鹿GAO｜マリンピア松島｜なかがわ水遊園｜犬吠埼マリンパーク｜しながわ｜箱根園｜足立区｜上越市立｜魚津｜アクア・トトぎふ｜鳥羽｜神戸須磨｜新屋島｜うみたまご｜いおワールド｜

竹島

デンキナマズ
ナマズ目 デンキナマズ科

デンキウナギよりは弱いが、最大で350ボルトの電気を発生させるといわれている

ここで見る！ ｜琵琶湖博物館｜竹島｜アクア・トトぎふ｜新屋島｜

さかなクン "ギョギョ！" POINT

イシダイの模様は縦縞！ いや、お魚は口を上、尾を下にして縞模様を判別するので、正解は横縞。若いころは模様がくっきりしていて、成熟するとこれがぼやけ渋い輝きになります。オスはクチグロと呼ばれ、釣りをする人にとって憧れの存在です！

電気を発するお魚の代表格、デンキウナギやデンキナマズの水槽では、発生電力をワット数で見える計測装置を取り付けている展示をよく見かけます。電気で獲物を弱らせたり、獲物までの距離を察知したりすると言われていますが、発生する電気は目で見えるものではありません。こうして視覚化されることで初めて、私たちはその発電力を実感できるのです。

の高さを利用して、水族館では芸を覚えさせているのです。

さかなクンコラム 4

お魚たちはどこから来たの？ 水族館と漁師との強力タッグ

ナンヨウマンタ エイ目 トビエイ科

それまで長期飼育が難しいとされていたナンヨウマンタの、飼育、餌付けに成功したのは同館が世界初。現在も親子で泳いでいる

提供／海洋博公園

人は陸に、お魚は海や川などに暮らしています。水族館がなければ決して見ることのできなかったお魚もいますね。一体どのようにして、水族館の水槽へとたどり着いたのでギョざいましょう？

まず、水族館生まれ水族館育ちという生き物がいます。生態を知るため、絶滅から守るため……繁殖は研究のうちでも非常に重要な部分を占めています。国内で初めて繁殖に成功すると、日本動物園水族館協会から「繁殖賞」が贈られます。例えば、「沖縄美ら水族館」ではなんと！ 世界で初めてナンヨウマンタの繁殖に成功されましたので、同賞が贈られました。

水族館間で「生物交換」をする場合もあります。それぞ

提供／葛西臨海水族園

ファインスポッテッド ジョーフィッシュ

スズキ目 アゴアマダイ科

アメリカの水族館と“生物交換”した、めずらしいお魚。大～きなアゴのなかに見えているのは、卵。メスはオスの口に卵を産み、孵化するまで守る

東海大海洋

提供／東海大学海洋科学博物館

カクレクマノミ

スズキ目 スズメダイ科

1977年に繁殖賞を受賞。クマノミ全30種のうち14種の繁殖に成功している。バックヤード見学では、飼育中の赤ちゃんの姿を観察できる

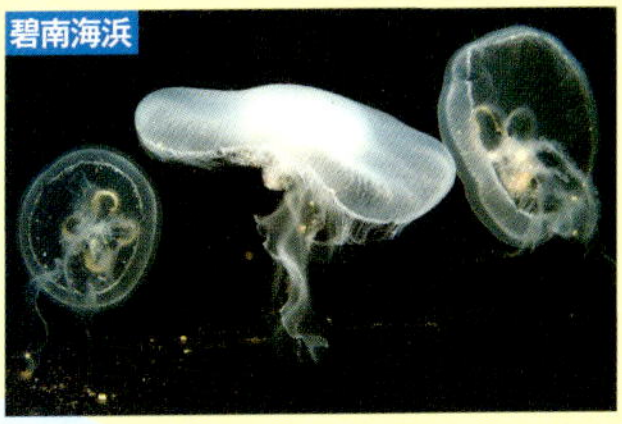
碧南海浜

ミズクラゲ 旗口クラゲ目 ミズクラゲ科

バックヤードで育成しているクラゲは、水族館生まれ。"海を知らない"クラゲたちが、展示水槽を優雅に泳ぐ姿に癒される

マリンピア日本海

ザラビクニン カサゴ目 クサウオ科

ホッコクアカエビのかご漁で、一緒に採集している。冷水系のお魚のため、水温2℃の水槽で飼育

れの地域でよく獲れる生き物同士を、トレードするのです。例えば、「葛西臨海水族園」にファインスポッテッドジョーフィッシュという希少なお魚がいます。繁殖に成功したことで、アメリカの水族館から申し込みがあり、アンコウの一種と交換したそうです。

一方で、海や川で捕獲された生き物がいます。お魚を丁寧に獲る漁法に、定置網漁法があります。巨大な網が海底に仕掛けられ、そこに生き物たちが迷路のように迷いこんできます。再び大海原に戻っていくお魚もいて、漁獲されるのは入り込んだ生き物のうちの2割だとか。お魚を獲りすぎず、自然にもやさしい〝待ち受け型漁法〟なのです。

毎朝、網の一部をゆっくり引き上げると、そこには元気なお魚たちがい〜っぱい！水族館の飼育員さんが同乗し、どんなお魚がいるかチェックすることもあります。アジやサバ、イワシ……漁港から市場へ、そして食卓へ届けられるお魚のほかに、まれにジンベエザメやマンボウ、ウミガメが入っていることもあります。ギョギョ！　飼育員さんにとって心躍る瞬間です。

お魚にストレスを与えずに引き上げるため、水族館にたどり着いたときも元気ハツラツ。すぐに元気な姿で泳ぎ出すのでギョざいます。

みんな
長旅《ながたび》して
きたんだネ!
ウツボ
クエ

長い旅をして、水族館にやってきた生き物もいます。水族館でこうして出会えることに、感謝でギョざいます！

Column

ダンゴウオの仲間

丸くて、カラフルで、かわいい！ 水族館の愛されキャラ

ノシャップ

提供／稚内市ノシャップ寒流水族館

フウセンウオ

カサゴ目　ダンゴウオ科

写真の状態で、孵化後約2カ月、体長1.5cm。まだまだ赤ちゃん。最大で6cmほどになる

おたる

繁殖賞受賞。孵化に成功した年は、幼魚の展示も行っているので必見

ここで見る！ ｜おたる｜標津サーモン｜オホーツクタワー｜ノシャップ｜アクアワールド・大洗｜新江ノ島｜よしもとおもしろ｜海の中道｜

ここで見る！ ｜葛西臨海｜沼津港深海｜

葛西臨海

提供／葛西臨海水族園

コンペイトウ

カサゴ目　ダンゴウオ科

砂糖菓子の金平糖を思わせる姿形。繁殖賞を受賞し、赤ちゃんから成魚まで展示している

ここで見る！ ｜寺泊｜越前松島｜伊豆三津｜志摩マリン｜海響館｜

越前松島

ランプサッカー　カサゴ目　ダンゴウオ科

ダンゴウオのなかでは最大の体長約60cm。別名、ヨコヅナダンゴウオとも呼ばれるのも納得

丸っこい姿のダンゴウオ科の仲間たち。お腹のヒレが変形してできた吸盤で、いろんなところにピタッとくっつく姿がキュート！

なぜフウセンウオはこんなにカラフルなのでしょう？ 飼育、繁殖に力を入れている「ノシャップ寒流水族館」によって、一対のオスとメスから赤、黄、ピンク、緑といったさまざまな色の子どもが産まれることがわかっています。

フウセンウオは比較的浅い海の生き物。光がたくさん入り込み、赤やオレンジ色のヒトデや海綿動物、緑の海藻など、多様な生物が息づいています。フウセンウオはそれらにくっついて生きるので、色にバリエーションがあった方がカモフラージュしやすいのです。同じダンゴウオ科でも、比較的深いところに住むコンペイトウは、茶色っぽい色をしています。

Chapter 4

華麗なパフォーマンスに
大興奮！
人気のライブショー

水中から勢いよく飛び出し、空中を舞うイルカ。
俊敏でありながらダイナミックな動きで圧倒するシャチ。
ヨチヨチと歩く姿と、愛嬌たっぷりの仕草がチャーミングなアシカ。
海獣によるショーは、
水族館で最もエキサイティングな見どころのひとつです。
高い身体能力と知能を駆使したパフォーマンスに、
子どもからおとなまで、誰もがわくわくします。
トレーナーとのチームワークも、見ていて心が温まるもの。
ペンギンの散歩公開や、ラッコの餌付け解説など、
各館の創意工夫が結集したショーをお見逃しなく！

イルカの仲間①

ジャンプ&キャッチ！ 躍動感あふれるショーに誰もが釘付け

鴨川 国内で初めて、人工授精による繁殖に成功。

ここで見る！
｜おたる｜登別ニクス｜浅虫｜アクアワールド・大洗｜鴨川｜犬吠埼マリン｜品川アクアスタジアム｜しながわ｜新江ノ島｜マリンピア日本海｜のとじま｜越前松島｜伊豆三津｜下田海中｜あわしまマリン｜名古屋港｜南知多ビーチ｜二見｜京都｜神戸須磨｜城崎マリン｜くじらの博物館｜アドベンチャーワールド｜海響館｜新屋島｜桂浜｜海の中道｜うみたまご｜海きらら｜いおワールド｜美ら海｜

バンドウイルカ 鯨偶蹄目 マイルカ科

あわしまマリン 自然の海を網で仕切ったプールで飼育。広い海で泳ぐバンドウイルカは幸せそう。ショーは1日3回

提供／あわしまマリンパーク

越前松島 生後半年の時期に、重油災害のためほかの水族館に移送された「ラボ」。いまは無事に帰還してショーの人気者！

提供／九十九島水族館「海きらら」

海きらら 2頭のイルカによるキャッチボールを披露。日本で唯一、同館でしか見られないので必見！

提供：新江ノ島水族館

新江ノ島 1978年から飼育している長寿のカマイルカがいる

アドベンチャーワールド スピーディーでダイナミックな「マリンライブ」が目玉！

カマイルカ 鯨偶蹄目 マイルカ科

海遊館 全国でもめずらしい繁殖に力を入れている。2010年に生まれた「アクア」は、同館の人気者

提供：大阪・海遊館

ここで見る！
| 登別ニクス | 浅虫 | アクアワールド・大洗 | 鴨川 | 品川アクアスタジアム | 新江ノ島 | マリンピア日本海 | のとじま | 越前松島 | 伊豆三津 | 下田海中 | 名古屋港 | 南知多ビーチ | 海遊館 | 城崎マリン | くじらの博物館 | アドベンチャーワールド | 新屋島 | 海の中道 | 海きらら | 美ら海 |

城崎マリン カマイルカの母子が、仲睦まじく並んで泳ぐ姿を観察できる

鴨川 バンドウイルカとカマイルカのコンビネーションで、見事なパフォーマンスを見せる

イルカの仲間②

表情豊か&好奇心いっぱいで、友だちになれそう!?

イロワケイルカ（パンダイルカ） 鯨偶蹄目 マイルカ科

ここで見る! |マリンピア松島|鳥羽|

マリンピア松島 日本で初めて繁殖に成功。2011年の東日本大震災を乗り越えた「サクラ」2歳が順調に成長中

ハセイルカ 鯨偶蹄目 マイルカ科

うみたまご 長いくちばしがチャームポイント。トレーナーの人に触ってもらったり、遊んでもらったりが大好き!

ここで見る! |うみたまご|

スナメリ 鯨偶蹄目 ネズミイルカ科

海の中道 エサを食べる様子を公開しながら、係員が詳しく解説する

ここで見る! |南知多ビーチ|鳥羽|宮島|海響館|海の中道|海きらら|

海響館 「プレイングタイム」では、スナメリの能力や行動を紹介する。バブルリングは必見!

名古屋港　2007年に誕生した「ナナ」。国内の水族館で繁殖したベルーガのなかでは、最長飼育記録を更新中

ベルーガ（シロイルカ）

鯨偶蹄目 イッカク科

ここで見る！　｜鴨川｜名古屋港｜しまね海洋館｜

島根県立しまね海洋館『幸せのバブルリング』®

しまね海洋館　パフォーマンス用のプールと、繁殖を目的としたプールという、恵まれた環境で飼育。「幸せのバブルリング」® が人気！

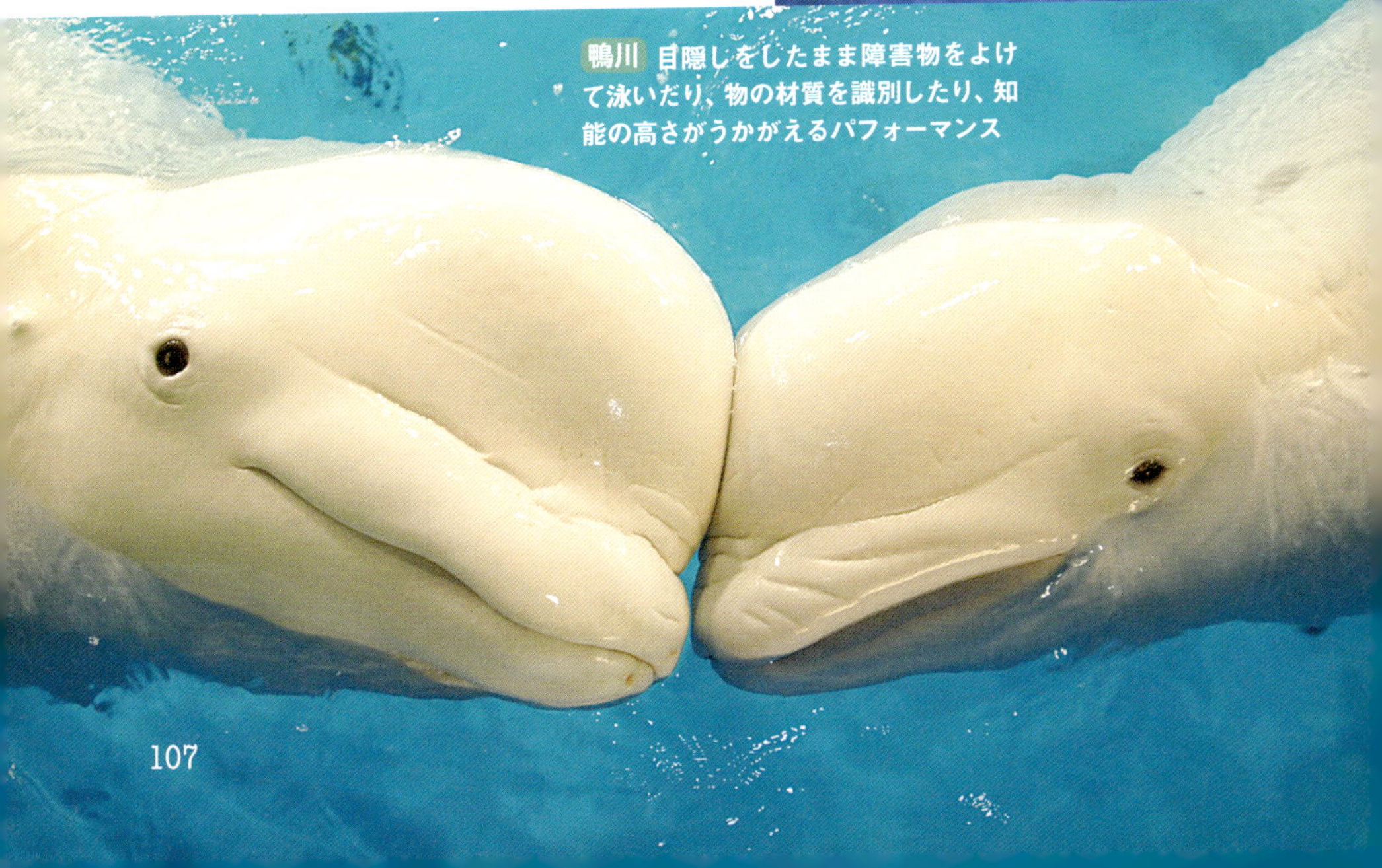

鴨川　目隠しをしたまま障害物をよけて泳いだり、物の材質を識別したり、知能の高さがうかがえるパフォーマンス

オキゴンドウ

体長6mほどで、運動神経は抜群！　ショーもこなすクジラの仲間

アドベンチャーワールド バンドウイルカたちとともに、ショーを展開。イルカ、クジラの動きの違いを観察したい

品川アクアスタジアム 屋内のプールで、ダイナミックなショーを楽しめる

オキゴンドウ　鯨偶蹄目 マイルカ科

ここで見る！ ｜アクアワールド・大洗｜品川アクアスタジアム｜新江ノ島｜伊豆三津｜くじらの博物館｜アドベンチャーワールド｜美ら海｜

くじらの博物館 ほかにもハナゴンドウ、コビレゴンドウなど7種類のクジラ類を飼育展示。飼育種数、飼育頭数ともに日本トップクラス

シャチ

海の王者、水族館では芸達者な一面をクローズアップ

Chapter 4

シャチ　鯨偶蹄目 マイルカ科

ここで見る！ | 鴨川 | 名古屋港 |

鴨川 太平洋を背景に繰り広げる海の王者のショー。巨体が宙に躍る姿に度肝を抜かれる。盛大な水しぶきにご注意を！

名古屋港 出産のため、「鴨川シーワールド」から2011年に移送されてきた3頭の親子。2012年、環境に慣れてきたので一般公開された

アシカの仲間

陸ではヨチヨチ、水中ではビュンビュン。芸の幅広さもピカ一！

下田海中 日本で唯一、アシカとダイバーによる水中ショーを行う。洗練された動き、お互いに信頼し合う姿は感動必至！

カリフォルニアアシカ ネコ目 アシカ科

鴨川 知能の高さを活かして、ショートコントに挑戦。見事なバランス感覚を見せるボールバランスなど、ショーが充実

ここで見る! ｜登別ニクス｜浅虫｜マリンピア松島｜加茂｜アクアワールド･大洗｜鴨川｜サンシャイン｜品川アクアスタジアム｜しながわ｜新江ノ島｜マリンピア日本海｜のとじま｜伊豆三津｜下田海中｜あわしまマリン｜南知多ビーチ｜竹島｜アクア・トトぎふ｜鳥羽｜二見｜海遊館｜城崎マリン｜アドベンチャーワールド｜宮島｜しまね海洋館｜海響館｜新屋島｜桂浜｜海の中道｜

城崎マリン 2012年3月にオープンした“スイムチューブ”では、カリフォルニアアシカが時速約40kmのスピードで遊泳する姿を間近で観察できる

オタリア ネコ目 アシカ科

サンシャイン 頭上に設置したドーナツ型水槽「サンシャインアクアリング」で泳ぐ。下から見上げると、まるで空を飛んでいるよう

ここで見る!
｜おたる｜マリンピア松島｜サンシャイン｜しながわ｜新江ノ島｜あわしまマリン｜竹島｜鳥羽｜城崎マリン｜アドベンチャーワールド｜玉野海洋｜海響館｜新屋島｜海の中道｜

提供／あわしまマリンパーク

あわしまマリン カリフォルニアアシカとともに披露するショーはハイレベル！　他の水族館からも、トレーニング技術を学びにくるほど

海響館 イルカとアシカ、オタリアがショーで競演する。トレーナーとの息の合った演技に拍手が起きる

アザラシの仲間

大きな瞳と、陸でゴロンと横たわる姿が愛くるしい

ゴマフアザラシ

ネコ目 アザラシ科

ここで見る!
|おたる|登別ニクス|浅虫|男鹿GAO|加茂|アクアワールド・大洗|鴨川|犬吠埼マリン|品川アクアスタジアム|しながわ|新江ノ島|マリンピア日本海|寺泊|上越市立|魚津|のとじま|越前松島|伊豆三津|下田海中|あわしまマリン|名古屋港|南知多ビーチ|鳥羽|二見|京都|魚っ知館|海遊館|神戸須磨|城崎マリン|アドベンチャーワールド|宮島|しまね海洋館|海響館|桂浜|足摺海洋館|海の中道|うみたまご|

のとじま 円柱水槽と、氷上をイメージした陸上とを用意。両方を行ったり来たりする様子を間近に観察できる

おたる 自然の海、入江を利用したプールで、約60頭も飼育。もちろん全国一の飼育数！　アザラシがのびのびと生活している

しまね海洋館 1日2回、アシカ・アザラシパフォーマンスを実施。アシカとアザラシの違いや能力を紹介する

提供／島根県立しまね海洋館

バイカルアザラシ

ネコ目 アザラシ科

ここで見る!
|マリンピア松島|鴨川|サンシャイン|箱根園|マリンピア日本海|南知多ビーチ|鳥羽|海の中道|うみたまご|

マリンピア日本海 2007年に繁殖賞を受賞。赤ちゃんアザラシはふわふわの毛で、かわいい！（写真は繁殖当時のもの）

箱根園 日本で唯一のバイカルアザラシショーを1日2回開催。回転、輪運び、ジャンプなど

ラッコ

貝を割るキュートな仕草に、誰もが夢中！

Chapter 4

4章 華麗なパフォーマンスに大興奮！ 人気のライフショー

写真提供：鳥羽水族館

鳥羽 食事の時間では、ガラス面の高い位置に貼り付けたイカのミミをめがけて、ラッコが水面から飛び上がる「イカミミジャンプ」が見られるかも？

ここで見る！ ｜浅虫｜アクアワールド・大洗｜鴨川｜サンシャイン｜マリンピア日本海｜のとじま｜鳥羽｜海遊館｜神戸須磨｜アドベンチャーワールド｜海の中道｜いおワールド｜

海の中道 ラッコの特徴がわかるよう、パフォーマンスをさせながらエサを与える。2012年にベイビーが誕生。早ければ夏には公開予定

ラッコ ネコ目 イタチ科

鴨川 2008年に和歌山県「くじらの博物館」から、オス1頭をゆずり受け、現在はカップルで飼育。繁殖が期待される

体重1t超の、世界の珍獣。その正体は、のんびり屋さん。

マナティー&ジュゴン

ここで見る! 鳥羽

アメリカマナティー カイギュウ目 マナティー科

新屋島 「ニール」と「ベルグ」の2頭。エサの時間を公開し、解説を行う。キャベツ、白菜、ニンジン、レタスなどを、2頭あわせて1日に30kgほどをぺろり!

ここで見る! |新屋島|美ら海|

鳥羽 オスの「かなた」と、メスの「はるか」。ペアでの飼育は、世界でも唯一。現在はもう1頭のメス「みらい」と3頭での展示

写真提供／鳥羽水族館

アフリカマナティー
カイギュウ目 マナティー科

写真提供／鳥羽水族館

鳥羽 人魚伝説のモデルとされるジュゴン。メスの「セレナ」は1987年にフィリピンから友好の印として贈られてきた。アマモという海草を、1日数十kgも食べる

写真提供／鳥羽水族館

ここで見る！ 鳥羽

ジュゴン
カイギュウ目 ジュゴン科

ペンギンの仲間

水族館には欠かせない！　寒い土地からきた人気者

ヒゲペンギン

ペンギン目 ペンギン科

名古屋港 アゴにある1本のラインが、ヒゲみたい！　同館では例年12 ～1月ごろにヒナが誕生する。そのかわいらしさはペンギン界でもトップクラス!?

ここで見る！ |名古屋港|アドベンチャーワールド|

長崎ペンギン 2009年に自然の海でペンギンが泳ぐ「ふれあいペンギンビーチ」をオープン。世界初となる屋外展示をスタートした

ここで見る！ |登別ニクス|マリンピア松島|サンシャイン|品川アクアスタジアム|箱根園|伊豆三津|あわしまマリン|二見|志摩マリン|京都|アドベンチャーワールド|海の中道|長崎ペンギン|

ケープペンギン

ペンギン目 ペンギン科

マリンピア松島 2011年の東日本大震災時に生まれた子ども、「春」が話題を集めている

宮島 これまでに230羽あまりを繁殖させた実績をもつ。「ペンギンお食事タイム」では、愛嬌たっぷりな仕草に注目

フンボルトペンギン

ペンギン目 ペンギン科

葛西臨海 国内最大規模のペンギン展示。本物の羽や卵の標本を使いながら、ペンギンの生態を詳しく解説する

ここで見る！ |おたる|浅虫|マリンピア松島|アクアワールド・大洗|鴨川|犬吠埼マリン|葛西臨海|新江ノ島|マリンピア日本海|魚津|のとじま|越前松島|伊豆三津|下田海中|あわしまマリン|南知多ビーチ|鳥羽|志摩マリン|城崎マリン|姫路市立|宮島|しまね海洋館|海響館|虹の森公園おさかな館|桂浜|長崎ペンギン|

提供／葛西臨海水族園

|ここで見る!| |名古屋港｜アドベンチャーワールド|

エンペラーペンギン（皇帝ペンギン）　ペンギン目 ペンギン科

アドベンチャーワールド　国内6例目の孵化、育雛に成功。現在14羽を飼育中。食事タイムの公開では、クチバシを器用に使ってお魚を食べる様子に注目

イワトビペンギン
ペンギン目 ペンギン科

|ここで見る!| |登別ニクス｜浅虫｜男鹿GAO｜マリンピア松島｜鴨川｜葛西臨海｜品川アクアスタジアム｜箱根園｜マリンピア日本海｜越前松島｜伊豆三津｜あわしまマリン｜志摩マリン｜アドベンチャーワールド｜しまね海洋館｜海響館｜長崎ペンギン|

しまね海洋館　ペンギン専用の大型プールを備えた施設「ペンギン館」では、さまざまな角度からペンギンを観察できて好評

男鹿GAO　毎年4月にヒナが誕生している。他の水族館と繁殖目的でブリーディングローン（動物の貸し出し、借り入れ）を実施

提供／島根県立しまね海洋館

名古屋港　体長100〜130cmになる世界最大のペンギン。水槽のなかの気温は約マイナス2℃、プールの水温は約6℃に設定されている

ウミガメの仲間

絶滅が心配されるため、飼育、研究にもひと際、熱が入る

鴨川 同館近くの東条海岸には、実際にウミガメが産卵に訪れる

アオウミガメ カメ目 ウミガメ科

ここで見る！

|おたる|浅虫|男鹿GAO|マリンピア松島|加茂|鴨川|葛西臨海|しながわ|すみだ|新江ノ島|よしもとおもしろ|マリンピア日本海|寺泊|上越市立|魚津|のとじま|越前松島|伊豆三津|下田海中|あわしまマリン|名古屋港|南知多ビーチ|碧南海浜|鳥羽|二見|京都|魚っ知館|神戸須磨|姫路市立|串本海中|玉野海洋|宮島|しまね海洋館|海響館|新屋島|桂浜|足摺海洋館|海の中道|長崎ペンギン|海きらら|いおワールド|美ら海|

魚津 絶滅を危惧されている代表的な生物。寿命は30年以上といわれるが、現在のところ42年飼育している

よしもとおもしろ 小笠原から借りているウミガメの赤ちゃん。絶滅危惧種のウミガメにおける、ヘッドスターティング（短期育成）事業に参加しており、種の保存の一環として展示している

越前松島 国内で初めて人工繁殖に成功し、2010年に繁殖賞を受賞。エサやりができる

クロウミガメ
カメ目 ウミガメ科

神戸須磨
名前のとおり、甲羅だけでなく、腹部や頭部も黒っぽい。日本では西表島や沖縄本島の近海で目撃されている

ここで見る！｜南知多ビーチ｜神戸須磨｜美ら海｜

提供／海洋博公園

美ら海
1985年に放流した個体が、アメリカ西海岸で発見されたことにより、本種が太平洋を横断することが確認された

ここで見る！｜おたる｜浅虫｜マリンピア松島｜加茂｜なかがわ水遊園｜鴨川｜犬吠埼マリン｜新江ノ島｜マリンピア日本海｜寺泊｜上越市立｜魚津｜のとじま｜越前松島｜伊豆三津｜下田海中｜あわしまマリン｜名古屋港｜南知多ビーチ｜竹島｜碧南海浜｜志摩マリン｜京都｜海遊館｜神戸須磨｜姫路市立｜串本海中｜玉野海洋｜しまね海洋館｜海響館｜桂浜｜足摺海洋館｜海の中道｜いおワールド｜美ら海｜

提供／串本海中公園センター

玉野海洋
7〜10月の第2、4土曜日に小学生以下の子どもを対象に「ウミガメふれあいデー」を開催し、好評を博す

串本海中
繁殖に成功し、現在は3代目が泳いでいる。繁殖賞受賞。毎日「ウミガメタッチング」を開催するほか、不定期で「ウミガメ甲羅磨き」も！

アカウミガメ
カメ目 ウミガメ科

あとがきにかえて

水族館《すいぞくかん》に
レッツ
ありがとう魚《ギョ》ざいます

掲載水族館一覧

行きたくなったら
今すぐGO!

一覧の見方

1 〒 2 住所 3 URL 4 開館時間 5 休館日 6 入館料 7 交通 8 駐車場

千歳 サケのふるさと館 1 066-0028 2 北海道千歳市花園2-312 道の駅「サーモンパーク千歳」内 3 http://www.city.chitose.hokkaido.jp/tourist/salmon/ 4 9時～17時 5 年末年始・冬期休館(2/12-2/28) 6 大人800円、高校生500円、小・中学生300円〈年間会員〉大人(高校生以上) 1000円、小人(小・中学生) 500円 7〈電車〉 JR千歳駅下車徒歩10分〈車〉道央道千歳ICから約10分 8 あり

おたる水族館 1 047-0047 2 北海道小樽市祝津3-303 3 http://otaru-aq.jp/ 4 9時～17時 (11月は～16時。入館は閉館30分前まで) 5 3/1～3/15、12/1～12/9、12/29～1/1 6〈通常営業〉大人(高校生以上) 1300円、小人(小・中学生) 530円、幼児(3歳以上) 210円〈冬期営業〉大人(高校生以上) 1000円、小人(小・中学生) 400円、幼児(3歳以上) 200円 7〈電車〉 JR小樽駅からおたる水族館行きバス約25分、終点下車すぐ〈車〉札幌道小樽ICから約15分。または札幌市街から国道5号線で約1時間 8 あり

登別マリンパークニクス 1 059-0492 2 北海道登別市登別東町1-22 3 http://www.nixe.co.jp/ 4 9時～17時 5 なし 6 大人(中学生以上) 2400円、小学生1200円、幼児(4歳以上) 600円 7〈電車〉 JR登別駅から徒歩5分〈車〉道央道登別東ICから約5分 8 あり

標津サーモン科学館 (サケの水族館) 1 086-1631 2 北海道標津郡標津町北一条西6丁目1-1-1 標津サーモンパーク内 3 http://www.shibetsu-salmon.org/ 4 9時30分～17時(入館は閉館30分前まで) 5 5月～10月は無休、2月～4月と11月は水曜休(祝日の場合は翌日)、12月～1月は休館 6 一般610円、高校生400円、小・中学生200円 シルバー (70歳以上) 500円〈年間券〉一般2000円、高校生1000円、小・中学生500円、シルバー (70歳以上) 1500円 7〈電車〉 JR釧路駅から羅臼行きバスで約2時間20分の標津バスターミナル下車徒歩30分〈車〉釧路から国道272号線で約2時間 8 あり

サンピアザ水族館 1 004-0052 2 北海道札幌市厚別区厚別中央2条5-7-5 3 http://www.sunpiazza-aquarium.com/ 4 10時～18時30分 (10月～3月は18時閉館。チケット販売は閉館30分前まで) 5 なし 6 大人 (高校生以上) 900円、小人(3歳以上) 400円〈年間パスポート〉大人(高校生以上) 2000円、小人(3歳以上) 1000円 7〈電車〉地下鉄東西線新さっぽろ駅から徒歩5分。またはJR千歳線新札幌駅から徒歩3分〈車〉道央道大谷地IC (または札幌南IC)から約8～10分 8 新さっぽろアークシティⓅを利用

美深町チョウザメ館 1 098-2366 2 北海道中川郡美深町字紋穂内 3 http://www.town.bifuka.hokkaido.jp/web/PD_Cont.nsf/0/F38395C86054F20C492571030020BA29?OpenDocument 4 9時～17時 (冬期は10時～16時) 5 月曜(祝日の場合は開館)、年末も開館 6 無料 7〈電車〉 JR美深駅から思根内行きバス約15分、びふか温泉前下車すぐ〈車〉道央道士別剣淵ICから国道40号線で約1時間 8 あり

氷海展望塔 オホーツクタワー 1 094-0031 2 北海道紋別市海洋公園1 3 http://www.o-tower.co.jp/ 4 10時～17時(入館は30分前まで)・夜間特別営業(17:00-20:30)は7月第4金曜日～8月第3土曜日 5 12月第1月曜～金曜、12/27～1/3日(要問い合わせ)、元旦営業(6:00-10:00)。荒天時休館あり 6 大人(中学生以上) 800円、小学生400円〈ガリンコ号㈼とのセット券〉大人(中学生以上)夏期2000円・冬期3500円、小学生夏期1000円・冬期1750円 7〈電車〉 JR旭川駅から紋別ターミナル行きバス約特急オホーツク号で約3時間、JR遠軽駅から車で約50分〈車〉旭川紋別道浮島ICから約1時間30分(紋別空港から車で約10分) 8 あり

稚内市ノシャップ寒流水族館 1 097-0026 2 北海道稚内市ノシャップ2-2-17 3 http://www.city.wakkanai.hokkaido.jp/sisetu/suizokukan/ 4 9時～17時(11/1～3/31は10時～16時) 5 12/1～1/31、4/1～28 6 大人400円、小人100円 7〈電車〉 JR稚内駅からノシャップ行きバス約15分、ノシャップ2丁目で下車徒歩5分〈車〉道央道士別剣淵ICから国道40号線でノシャップ岬へ約3時間20分 8 あり

札幌市豊平川さけ科学館 1 005-0017 2 北海道札幌市南区真駒内公園2-1 3 http://www.sapporo-park.or.jp/sake/ 4 9時15分～16時45分 5 月曜日 (月曜日が祝休日の場合は次の平日) 12/29～1/3 6 無料 7〈電車〉地下鉄南北線終点「真駒内駅」からじょうてつバス〈車〉札幌市内中心部から国道230号線約25分 8 あり:平日および冬期(11/4-4/28)は無料。(4/29-11/3の土日祝は有料。乗用車300円、バス620円、自動二輪200円)

青森県営 浅虫水族館 1 039-3501 2 青森県青森市浅虫馬場山1-25 3 http://www.asamushi-aqua.com/ 4 9時～17時(連休、夏休みに時間延長あり、入館は30分前まで) 5 無休 6 大人1000円、小人(小・中学生) 500円〈年間パスポート〉大人2500円、小人1250円 7〈電車〉青い森鉄道「浅虫温泉」駅から徒歩10分〈車〉青森道青森東ICから国道4号線で約15分 8 あり

もぐらんぴあ・まちなか水族館　**1** 028-0061 **2** 岩手県久慈市中央2-9 **3** http://citykuji-kougyou.com/moguranpia/ **4** 4月～10月:9時～18時、11月～3月:10時～17時 **5** 12/31、1/1、毎月曜(祝日の場合は翌日、8月は臨時開館あり) **6** 無料　※但し、体験コーナーの一部は有料 **7** 〈電車〉盛岡駅⇒新幹線⇒八戸駅⇒八戸線⇒JR久慈駅(久慈駅から徒歩で1分)。または盛岡駅⇒二戸駅⇒バス・スワロー号⇒久慈駅(約80分)。または三陸鉄道北リアス線⇒久慈駅(久慈駅から徒歩で1分、ただし震災の影響で田野畑駅まで運行)〈車〉八戸九戸I.C⇒県道22号、42号⇒久慈市⇒当館(約50分)。青森県八戸市⇒国道45号⇒久慈市⇒当館(約70分)。岩手県葛巻町⇒国道281号⇒久慈市⇒当館(約50分) **8** 近隣の久慈駅前Ⓟを利用

男鹿水族館 GAO　**1** 010-0673 **2** 秋田県男鹿市戸賀塩浜 **3** http://www.gao-aqua.jp/ **4** 9時～17時(夏期・冬期で変更。要問い合わせ) **5** なし(1月末にメンテナンスクローズあり、要問合せ) **6** 大人1000円、小人(小・中学生) 400円〈年間パスポート〉大人2500円、小人(小・中学生) 1000円 **7** 〈電車〉JR羽立駅から男鹿水族館GAO行きバス約1時間、終点下車すぐ〈車〉秋田道昭和男鹿ICから国道101号線、なまはげラインで約1時間 **8** あり

マリンピア松島水族館　**1** 981-0213 **2** 宮城県宮城郡松島町松島字浪打浜16 **3** http://www.marinepia.co.jp/ **4** 9時～17時(8月は17時30分閉館。11月～2月は16時30分閉館) **5** なし **6** 大人1400円、小人(小・中学生) 700円、幼児(3歳以上) 350円 **7** 〈電車〉JR松島海岸駅から徒歩3分〈車〉三陸道松島海岸ICから約5分(または東北道大和ICから県道9・8、国道45号線などで約30分) **8** 無(近隣の県営駐車場などを利用)

鶴岡市立 加茂水族館　**1** 997-1206 **2** 山形県鶴岡市今泉字大久保656 **3** http://www.shonai.ne.jp/kamo/ **4** 8時30分～17時(夏休み期間は～18時) **5** なし **6** 大人800円、小人(小・中学生) 400円、幼児(3歳以上) 150円 **7** 〈電車〉JR鶴岡駅から湯野浜温泉行きバス約30分、加茂水族館下車すぐ〈車〉山形道鶴岡ICから国道7・112号線で加茂方面へ約20分 **8** あり

いなわしろ淡水魚館　**1** 969-3283 **2** 福島県耶麻郡猪苗代町大字長田字東中丸344-4 **3** http://www.inawashiro.or.jp/ **4** 9時～17時(入館受付16時30分まで) **5** 水曜(GWと夏休みは営業)、11/26～4/19 **6** 大人300円、小人(小・中学生) 150円 **7** 〈電車〉JR猪苗代駅からタクシー約15分〈車〉磐越道猪苗代磐梯高原ICから約15分 **8** あり

アクアワールド茨城県大洗水族館　**1** 311-1301 **2** 茨城県東茨城郡大洗町磯浜町8252-3 **3** http://www.aquaworld-oarai.com/ **4** 9時～17時(連休・夏休みに延長あり) **5** 6月と12月に休館日あり(要問い合わせ) **6** 大人1800円、小人(小・中学生) 900円、幼児(3歳以上) 300円 **7** 〈電車〉鹿島臨海鉄道大洗駅からアクアワールド・大洗行きバス約15分〈車〉北関東道・東水戸道路水戸・大洗ICから国道51・県道2 号線などで約15分 **8** あり

かすみがうら市水族館　**1** 300-0214 **2** 茨城県かすみがうら市坂910-1 **3** http://park.geocities.jp/tkytp289/ **4** 9時～17時30分(17時まで受付) **5** 月曜(祝日の場合は翌日)、12/28～1/1 **6** 大人310円、小人(小・中学生) 150円 **7** 〈車〉常磐道土浦北ICから国道125・354号線で約30分 **8** あり

山方淡水魚館　**1** 319-3111 **2** 茨城県常陸大宮市山方535 **3** http://www1.ocn.ne.jp/~tansui/ **4** 9時～16時 **5** 月曜(祝日の場合は翌日) **6** 大人(高校生以上) 150円、小人70円 **7** 〈電車〉JR山方宿駅から徒歩5分〈車〉常磐道那珂ICから国道118号線で約35分 **8** あり

栃木県 なかがわ水遊園 おもしろ魚館　**1** 324-0404 **2** 栃木県大田原市佐良土2686 **3** http://tnap.jp/ **4** 9時30分～16時30分(夏休み期間は～17時) **5** 月曜(祝日の場合は翌日)、毎月第4木曜、年末年始の営業は要問い合わせ **6** 大人600円、小人(小・中学生) 250円 **7** 〈電車〉JR西那須野駅から小川・馬頭行きバス約35分、なかがわ水遊園下車。またはJR那須塩原駅からバス約1時間〈車〉東北道西那須野塩原ICから国道400号線で約40分 **8** あり

鴨川シーワールド　**1** 296-0041 **2** 千葉県鴨川市東町1464-18 **3** http://www.kamogawa-seaworld.jp/ **4** 9時～17時(冬季の一部期間は～16時) **5** 不定休(年7日間、1月・12月に予定)要事前確認 **6** 大人2800円、小人(4歳～中学生) 1400円、65歳以上(要証明) 1960円、学生割引(要証明) 2100円〈年間パスポート〉大人のみ7000円(継続更新者6000円)、50歳以上5,000円(継続更新者4,000円)〈ドルフィンドリームクラブ〉【個人会員】大人10,000円(継続更新者8,500円)、50歳以上8,000円(継続更新者6,500円)、小人3,000円(継続更新者2,000円)、【ファミリー会員】大人1名9,000円(継続更新者8,000円)、50歳以上の方7,000円(継続更新者6,000円)、小人1名3,000円(継続更新者 2,000円) **7** 〈電車〉JR安房鴨川駅から無料送迎バス約5分〈車〉館山道君津ICから房総スカイライン・鴨川有料道路などを経由して約40分 **8** あり(1200台・1日1000円)

犬吠埼マリンパーク　**1** 288-0012 **2** 千葉県銚子市犬吠埼9575-1 **3** http://www16.ocn.ne.jp/~inuboo/ **4** 9時～17時(GW、お盆休み期間は8時30分～18時、11月～2月は9時～16時30分) **5** なし **6** 中学生以上1260円、小学生630円、幼児(4歳以上) 420円 **7** 〈電車〉銚子電鉄犬吠駅から徒歩2分〈車〉東関東道佐原香取ICから県道55・44号線、国道356号線などで約1時間 **8** あり

さいたま水族館　**1** 348-0011 **2** 埼玉県羽生市三田ヶ谷751-1 **3** http://www.parks.or.jp/suizokukan/ **4** 9時30分～17時(12月～1月は16時30分閉館) **5** 月曜(祝日の場合は翌日、夏休み期間は無休)、12月は月・火休館 **6** 大人300円、小人(小・中学生) 100円、65歳以上無料(特別展開催中は大人400円) **7** 〈電車〉東武伊勢崎線羽生駅または加須駅よりタクシー利用で約15分〈車〉東北道羽生ICから栗橋方面へ約5分 **8** あり

東京都葛西臨海水族園
❶134-8587 ❷東京都江戸川区臨海町6-2-3 ❸http://www.tokyo-zoo.net/zoo/kasai/ ❹9時30分～17時（入館は閉館1時間前まで） ❺水曜（祝日、都民の日の場合は翌日）、12/29～1/1 ❻一般700円、中学生250円（都内在住・在学の中学生と小学生は無料）、65歳以上350円 ❼〈電車〉 JR葛西臨海公園駅下車。または地下鉄東西線葛西駅から葛西臨海公園駅前行きバス約15分終点下車、徒歩5分〈車〉首都高湾岸線葛西出口から約5分 ❽葛西臨海公園Ⓟを利用

サンシャイン水族館
❶170-0013 ❷東京都豊島区東池袋3-1　サンシャインシティ・ワールドインポートマートビル屋上 ❸http://www.sunshinecity.co.jp/ ❹4月1日～10月31日10時～20時、11月1日～3月31日10時～18時。最終入場は終了30分前 ❺なし ❻大人1800円、小人（小中学生） 900円、幼児（4才以上） 600円、シニア（65才以上） 1500円〈年間パスポート〉大人4000円、小人2000円、幼児1500円、シニア3000円 ❼〈電車〉 JRほか池袋駅東口から徒歩10分（または地下鉄東池袋駅6、7番出口から徒歩5分）〈車〉首都高5号池袋線東池袋出口から地下駐車場直結 ❽あり

エプソン 品川アクアスタジアム
❶108-8611 ❷東京都港区高輪4-10-30 ❸aquastadium.jp ❹12時～22時（土曜、休前日は10時開館。日曜、祝日は10時～21時）※季節によって異なる ❺なし ❻大人1800円、小人（小・中学生） 1000円、幼児（4歳以上） 600円 ❼〈電車〉 JR・京急線品川駅高輪口から徒歩2分。または都営浅草線高輪台駅から徒歩5分〈車〉首都高2号線目黒出口から目黒通りなどで約10分 ❽あり（30分500円）

しながわ水族館
❶140-0012 ❷東京都品川区勝島3-2-1（しながわ区民公園内） ❸http://www.aquarium.gr.jp/ ❹10時～17時（5月～8月には18時閉館の期間あり） ❺火曜（GW、夏・春・冬休み期間は開館）、1月1日 ❻大人1300円、小人（小・中学生） 600円、幼児（4歳以上） 300円 ❼〈電車〉 JR大井駅から、しながわ区民公園まで無料送迎バス約15分。またはJR大森駅から徒歩15分。または京浜急行大森海岸駅から徒歩8分〈車〉首都高羽田線鈴ヶ森・平和島出口からすぐ ❽あり（有料）

すみだ水族館
❶131-0045 ❷東京都墨田区押上1-1-2東京スカイツリータウン・ソラマチ5F・6F ❸http://www.sumida-aquarium.com ❹9時～21時（入場受付は閉館の1時間前まで） ❺なし（年中無休） ❻大人2000円、高校生1500円、中・小学生1000円、幼児（3歳以上） 600円 ❼〈電車〉東武伊勢崎線とうきょうスカイツリー駅、東武伊勢崎線・京成押上線・都営浅草線・東京メトロ半蔵門線押上駅 ❽専用駐車場なし

井の頭自然文化園 水生物館
❶180-0005 ❷東京都武蔵野市御殿山1-17-6 ❸http://www.tokyo-zoo.net/zoo/ino/ ❹9時30分～17時（入園は閉園1時間前まで） ❺月曜（祝日と都民の日の場合は翌日）、12/29～1/1 ❻大人400円、中学生150円（都内中学生は無料）、65歳以上200円※開園記念日（5/17）、みどりの日（5/4）、都民の日（10/1）は無料公開 ❼〈電車〉 JR・京王吉祥寺駅下車徒歩10分〈車〉首都高・中央道高井戸出口から環八通り、井ノ頭通りで約20分 ❽井の頭恩賜公園Ⓟ を利用

新江ノ島水族館（えのすい）
❶251-0035 ❷神奈川県藤沢市片瀬海岸2-19-1 ❸http://www.enosui.com/ ❹9時～17時（3月～11月）、10時～17時（12月～2月） ❺施設点検等臨時休館あり ❻大人2000円、高校生1500円、小・中学生1000円、幼児（3歳以上） 600円〈年間パスポート〉大人4000円、高校生3000円、小・中学生2000円、幼児（3歳以上） 1200円 ❼〈電車〉小田急片瀬江ノ島駅から徒歩3分。または江ノ電江ノ島駅から徒歩10分〈車〉横浜新道戸塚料金所から国道1・467・134号線で約16áq ❽なし

横浜・八景島シーパラダイス
❶236-0006 ❷神奈川県横浜市金沢区八景島 ❸http://www.seaparadise.co.jp/ ❹10時～18時（土・日は9時～20時。季節により変動あり、要問い合わせ） ❺なし ❻大人2450円、小人（小・中学生） 1400円、幼児（4歳以上） 700円、シニア（65歳以上） 2000円 ❼〈電車〉金沢シーサイドライン八景島駅下車すぐ〈車〉首都高湾岸線幸浦出口（または横浜横須賀道路並木IC）から国道357号線を約10分。 ❽あり

相模原市立 相模川ふれあい科学館
❶252-0246 ❷神奈川県相模原市中央区水郷田名1-5-1 ❸http://www.sagamigawa-fureai.jp/ ❹9時30分～16時30分（夏休み期間は17時閉館） ❺月曜（祝日の場合は翌日）※平成24年9/1～平成26年3月中旬までリニューアル工事のため休館 ❻大人300円、小人（小・中学生） 100円　シニア（65歳以上） 150円 ❼〈電車〉 JR淵野辺・相模原駅または橋本駅から水郷田名行きバス約30分、終点下車徒歩3分〈車〉東名道横浜町田IC（または中央道八王子IC）から国道16号線などで約30分 ❽あり

箱根園水族館
❶250-0522 ❷神奈川県足柄下郡箱根町元箱根139 ❸http://www.princehotels.co.jp/amuse/hakone-en/ ❹9時～17時（季節により変更あり） ❺なし ❻大人1300円、小人（4歳～小学生） 650円 ❼〈電車〉箱根登山鉄道箱根湯本駅から箱根園行きバス約1時間、終点下車すぐ〈車〉小田原厚木道路小田原西ICから国道1号線などで約1時間10分 ❽あり

よしもとおもしろ水族館
❶231-0023 ❷神奈川県横浜市中区山下町144 チャイナスクエアビル3F（横浜中華街中華大通り沿い） ❸http://www.omoshirosuizokukan.com/ ❹11時～20時（最終入場19:30） ❺なし ❻大人1400円、小人（4歳～小学生） 700円 ❼〈電車〉 JR石川町駅中華街口から徒歩5分。またはみなとみらい線元町・中華街駅下車徒歩8分〈車〉首都高横羽線横浜公園出口（または狩場線山下町出口）から約3分 ❽なし

森の中の水族館。山梨県立富士湧水の里水族館
❶401-0511 ❷山梨県南都留郡忍野村忍草3098-1 ❸http://www.morinonakano-suizokukan.com/ ❹9時～18時 ❺火曜（祝日の場合は翌日） ❻大人400円、小人（小・中学生） 200円 ❼〈バス〉富士急山梨バス「さかな公園」から徒歩3分〈車〉東富士五湖道路山中湖ICから5分。中央高速河口湖ICから20分。国道138号線忍野入口信号または自衛隊入口信号から3分 ❽あり

板橋区立 熱帯環境植物館 グリーンドームねったいかん 1 175-0082 2 東京都板橋区高島平8-29-2 3 http://www.seibu-la.co.jp/nettaikan/ 4 10時～18時（入館は閉館17時30分まで） 5 月曜（国民の休日の場合は翌日）、年末年始 6 大人220円、小中学生110円（土日、夏休み中は無料）、65歳以上110円 7〈電車〉都営三田線・高島平駅下車徒歩7分 8 なし。（障害者用は問い合わせ）

足立区生物園 1 121-0064 2 東京都足立区保木間2-17-1 3 http://www.adachi.ne.jp/users/seibutu/ 4 9時30分～17時（2月～10月）、9時30分～16時30分（11月～1月）※閉館30分前に入園終了 5 月曜日（祝日の時は翌日）、年末年始（12/28～1/4） 6 大人300円、小中学生150円 7〈電車〉東武伊勢崎線（東武スカイツリーライン）竹ノ塚駅より、東武バス・都営バスで保木間仲通り下車徒歩5分〈車〉日光街道（国4号線）と環七通りの交差点から北へ約1kmだが、自家用車ではお勧めできない 8 公共交通をご利用ください

新潟市水族館 マリンピア日本海 1 951-8101 2 新潟県新潟市中央区西船見町5932-445 3 http://www.marinepia.or.jp/ 4 9時～17時（夏期は延長する日があります） 5 12/29～1/1、3月上旬（不定休）※2012年9/1～2013年7月中旬まで改修工事のため休館 6 大人1500円、小人（小・中学生）600円、幼児（4歳以上）200円 7〈電車〉JR新潟駅から水族館行きバス約20分終点、JR新潟駅から新潟市「観光循環バス」25～45分〈車〉高速道路新潟中央ICから約25分 8 あり

寺泊水族博物館 1 940-2502 2 新潟県長岡市寺泊花立9353-158 3 http://www.aquarium-teradomari.jp/ 4 9時～17時（8/1～17は19時閉館） 5 不定休（要問い合わせ） 6 大人700円、中学生450円、小学生350円、幼児（3歳以上）200円 7〈電車〉JR寺泊駅から寺泊行きバス約10分、寺泊水族館前下車すぐ〈車〉北陸道中之島見附ICから国道403号線などで約35分 8 あり

上越市立 水族博物館 1 942-0004 2 新潟県上越市西本町4-19-27 3 http://www.city.joetsu.niigata.jp/site/sea-museum/ 4 9時～17時（夏期特別展期間中は18時閉館） 5 月曜（祝日の場合は翌日。7～8月は無休） 6 大人900円、小人（小・中学生）400円、幼児（3歳以上）200円 7〈電車〉JR直江津駅から徒歩約15分〈車〉北陸道上越ICから国道18・8号線などで約10分 8 あり

イヨボヤ会館 1 958-0876 2 新潟県村上市塩町13-34 3 http://www.iwafune.ne.jp/~iyoboya/ 4 9時00分～16時30分 5 年末・年始（12/28～1/4） 6 大人600円、小・中・高校生300円 7〈電車〉JR村上駅から新交北貸切バス朝日村方面行きで5分、小助島下車徒歩5分〈車〉日本海東北自動車道村上瀬波温泉ICから車で10分 8 あり

魚津水族館 1 937-0857 2 富山県魚津市三ヶ1390 3 http://www.city.uozu.toyama.jp/suizoku/ 4 9時～17時（入館は閉館30分前まで） 5 12月～3月中旬の月曜、祝日の翌日、12/29～1/1。3月中旬～11月は無休（ただし臨時休館あり） 6 一般（高校生以上）730円、小人（小・中学生）400円、幼児（3歳以上）100円 7〈電車〉JR魚津駅からコミュニティバス（東回り）約23分、水族館口下車徒歩0分〈車〉北陸道魚津IC（または滑川IC）から約15分 8 あり

のとじま水族館 1 926-0216 2 石川県七尾市能登島曲町15部40 3 http://www.notoaqua.jp/ 4 9時～17時（12/1～3/19は16時30分閉館。入館は閉館30分前まで） 5 12/29～31 6 一般（高校生以上）1800円、中学生以下（3歳以上）500円 7〈電車〉JR和倉温泉駅からのとじま臨海公園行きバス約30分、終点下車すぐ〈車〉能越道和倉ICから能登島大橋を経由約20分 8 あり

越前松島水族館 1 913-0065 2 福井県坂井市三国町崎 3 http://www.echizen-aquarium.com/ 4 9時～17時30分（GWおよび夏季は21時閉館。冬期は16時30分閉館） 5 なし 6 大人1800円、小人（小・中学生）800円、幼児（3歳以上）500円 7〈電車〉JR芦原温泉駅から金津・東尋坊線（水族館先回り）バス約30分、松島水族館下車すぐ〈車〉北陸道金津ICから東尋坊方面へ約20分 8 あり

伊豆・三津シーパラダイス 1 410-0295 2 静岡県沼津市内浦長浜3-1 3 http://www.seapara.jp/ 4 9時～17時（最終入場16時） 5 なし　※12月にメンテナンス休館予定あり、要問合せ 6 大人1900円、4歳～中学生950円 7〈電車〉伊豆箱根鉄道駿豆線伊豆長岡駅から三津シーパラダイス行きバス約20分、終点下車すぐ〈車〉東名道沼津ICから国道136号線、伊豆中央道などで約40分 8 あり（430台／1日1回500円）

沼津港深海水族館 1 410-0845 2 静岡県沼津市千本港町83 3 http://www.numazu-deepsea.com/ 4 10時～18時（7、8月は19時閉館） 5 なし 6 大人（高校生以上）1600円、小人（小・中学生）800円、幼児（4歳以上）400円 7〈電車〉JR東海道線「沼津駅」南口より、バスで約15分　「沼津港」下車目の前。（タクシーで約5分～10分）〈車〉東名沼津I.C.より約20分 8 あり

下田海中水族館 1 415-8502 2 静岡県下田市3-22-31 3 http://www.shimoda-aquarium.com/ 4 9時～16時30分（2～10月の土日祝日、春休み、GWは17時閉館。夏休みは8時～18時） 5 なし 6 大人（中学生以上）1900円、小人（4歳～小学生）1000円 7〈電車〉伊豆急下田駅から徒歩20分（バスもあり）〈車〉東名道沼津ICから国道135・414号線などで約2時間 8 あり

あわしまマリンパーク 1 410-0221 2 静岡県沼津市内浦重寺186 3 http://www.marinepark.jp/ 4 9時30分～17時（入園は15時30分まで） 5 木曜（祝日の場合と、春・夏・冬休み期間、GWは営業）。天候などにより臨時休園あり 6 大人（中学生以上）1500円、小人（4歳～小学生）750円 ※入園料に島往復の渡船料含む 7〈電車〉JR沼津駅から大瀬崎方面行きバス約40分、マリンパーク下車すぐ〈車〉東名道沼津ICから国道414号線、県道17号線などで約45分。または新東名沼津長泉ICから国道414号線、県道17号線などで約50分 8 あり（約150台1日1台500円）

東海大学海洋科学博物館　❶424-8620 ❷静岡県静岡市清水区三保2389 ❸http://www.umi.muse-tokai.jp/ ❹9時～17時 ❺火曜（祝日の場合と、7月～8月、正月、春休み期間、GWは開館）、2012年は12/25～31（元旦は営業） ❻大人（高校生以上）1500円、小人（4歳～中学生）750円 ❼〈電車〉JR清水駅から三保ランド行きバス約30分、終点下車徒歩3分〈車〉東名道清水ICから湾岸道路、三保街道で約30分（または東名道静岡ICから久能街道で約30分） ❽なし（付近の有料Pを利用。500台1日500円）

名古屋港水族館　❶455-0033 ❷愛知県名古屋市港区港町1-3 ❸http://www.nagoyaaqua.jp/ ❹9時30分～17時30分（GW、夏休み期間は20時閉館、冬期は17時閉館、12/24は21時閉館。入館は閉館1時間前まで） ❺月曜（祝日の場合は翌日）、1月下旬にメンテナンス休館あり ❻大人（高校生以上）2000円、小・中学生1000円、幼児（4歳以上）500円〈年間パスポート〉大人（高校生以上）5000円、小・中学生2500円、幼児（4歳以上）1200円 ❼〈電車〉地下鉄名港線名古屋港駅から徒歩5分〈車〉国道23号線築地口ICから約5分 ❽あり

名古屋市東山動物園 世界のメダカ館・自然動物館　❶464-0804 ❷愛知県名古屋市千種区東山元町3-70 ❸http://www.higashiyama.city.nagoya.jp/ ❹9時～16時30分 ❺月曜（祝日の場合は翌日）、12/29～1/1 ❻大人500円、中学生以下無料※東山動物園入園料 ❼〈電車〉地下鉄東山線東山公園駅から徒歩3分。または星ヶ丘駅から徒歩7分〈車〉東名道名古屋ICから約15分（または東名阪道上社ICから約10分） ❽あり

南知多ビーチランド　❶470-3233 ❷愛知県知多郡美浜町奥田428-1 ❸http://www.beachland.jp/ ❹9時30分～17時（3月中旬～11月中旬、GW・夏季に延長あり）。10時30分～16時30分（11月中旬～3月中旬） ❺12月～2月の水曜（冬休み期間と祝日の場合は開園） ❻大人（高校生以上）1600円、こども（3歳以上）800円 ❼〈電車〉名鉄知多新線知多奥田駅から徒歩15分〈車〉南知多道路美浜ICから国道247号線などで約10分 ❽あり

蒲郡市 竹島水族館　❶443-0031 ❷愛知県蒲郡市竹島町1-6 ❸http://www.city.gamagori.lg.jp/site/takesui/ ❹9時～17時 ❺火曜（祝日の場合は翌日）、12/29～31 ❻大人500円、小人（小・中学生）200円 ❼〈電車〉JR・名鉄蒲郡駅から徒歩12分（または蒲郡駅からサンライズバス約5分、竹島遊園下車すぐ）〈車〉東名道音羽蒲郡ICから三河湾オレンジロードなどで約15分 ❽あり

碧南海浜水族館　❶447-0853 ❷愛知県碧南市浜町2-3 ❸http://www.city.hekinan.aichi.jp/aquarium/ ❹9時～17時（チケット販売は閉館30分前まで） ❺月曜（祝日の場合は翌日） ❻大人（15歳以上）520円、小人（4歳以上）210円（碧南市内の幼・保・小・中学生は無料）〈年間パスポート〉大人1300円、小人520円 ❼〈電車〉名鉄三河線碧南駅から徒歩15分〈車〉知多半島道路阿久比ICから県道46、国道247号線で約30分。東名道岡崎ICから約1時間 ❽あり（無料）

赤塚山公園 淡水魚水族館ぎょぎょランド　❶442-0862 ❷愛知県豊川市市田町東堤上1-30 ❸http://www.city.toyokawa.lg.jp/enjoy/200601100024.html ❹9時～17時 ❺毎週火曜日・国民の祝日の翌日・年末年始 ❻無料 ❼〈電車〉名鉄国府駅及びJR豊川駅からコミュニティバスを利用して豊川国府線「豊川体育館前」下車、乗り換えゆうあいの里小坂井線「ぎょぎょランド」下車〈車〉東名豊川インター及び音羽蒲郡インターから車で15分 ❽あり（無料）

世界淡水魚水族館 アクア・トトぎふ　❶501-6021 ❷岐阜県各務原市川島笠田町1453 ❸http://aquatotto.com/ ❹平日9時30分～17時、土日祝9時30分～18時（入館は閉館1時間前まで） ❺無休（ただし河川環境楽園の休園日に準じる） ❻大人1400円、中・高校生1100円、小学生750円、幼児（3歳以上）370円〈年間パスポート〉大人2800円、中・高校生2200円、小学生1500円、幼児（3歳以上）740円 ❼〈電車〉名鉄岐阜駅から川島松倉行きバス約30～40分、川島笠田下車徒歩15分（土日祝は河川環境楽園へ乗り入れる便もあり）〈車〉東海北陸道川島PA・ハイウェイオアシスよりすぐ（一般道からも入館可） ❽あり

森の水族館　❶506-2117 ❷岐阜県高山市丹生川町根方532 ❸http://norikura.com ❹8時～17時（GW・夏季は18時まで） ❺なし（冬期は臨時休館あり） ❻中学生以上500円、3歳以上400円※匠の館、森の水族館全施設共通（ホットコーヒー付き） ❼〈電車〉JR高山駅から新穂高温泉行きバス約50分、琴水苑口下車徒歩7分〈車〉中部縦貫道高山西ICから国道158号線で約30分 ❽あり

鳥羽水族館　❶517-8517 ❷三重県鳥羽市鳥羽3-3-6 ❸http://www.aquarium.co.jp/ ❹9時～17時（11/1～3/20は16時30分閉館。7/20～8/31は8時30分～17時30分。入館は閉館1時間前まで） ❺なし ❻大人2400円、小人（小・中学生）1200円、幼児（3歳以上）600円、シニア割引（60歳以上）2000円〈年間パスポート〉大人6000円、小人3000円、幼児1500円 ❼〈電車〉JR・近鉄鳥羽駅から徒歩約10分〈車〉伊勢道伊勢ICから伊勢二見鳥羽ライン（有料）経由で約15分 ❽あり

二見シーパラダイス　❶519-0602 ❷三重県伊勢市二見町江580 ❸http://www.futami-seaparadise.com/ ❹9時～17時（季節により延長あり） ❺12月に2回あり（メンテナンス休） ❻大人1400円、小人（小・中学生）600円、幼児（3歳以上）300円 ❼〈電車〉近鉄鳥羽駅からCANバス約10分、夫婦岩東口下車すぐ（またはJR二見浦駅から徒歩20分）〈車〉伊勢道伊勢ICから伊勢二見鳥羽ライン二見JCTを経由し、国道42号線で約5分 ❽あり

志摩マリンランド　❶517-0502 ❷三重県志摩市阿児町賢島 ❸http://www.isesima.com/M-rand.htm ❹9時～17時（7月～8月は17時30分閉館） ❺なし ❻大人1250円、中・高校生700円、小学生500円、幼児（4歳以上）300円 ❼〈電車〉近鉄賢島駅から徒歩2分〈車〉伊勢道伊勢西IC（または伊勢IC）から県道32号線（伊勢道路）、国道167号線で約40分 ❽あり

日本サンショウウオセンター　**1**518-0469 **2**三重県名張市赤目町長坂861-1 **3**http://www.akame48taki.com **4**8時30分～ 17時(12月～ 3月は9時～ 16時30分) **5**12/28 ～ 12/31 **6**大人300円、小人(小・中学生) 150円※赤目四十八滝の入山料を含む **7**〈電車〉近鉄赤目口駅から赤目滝行きバス約10分、終点下車徒歩3分〈車〉伊勢道久居ICから国道165号線などで約60分(または名阪国道上野ICから約40分) **8**あり(民間経営・有料)

滋賀県立琵琶湖博物館　**1**525-0001 **2**滋賀県草津市下物町1091 **3**http://www.lbm.go.jp/ **4**9時30分～ 17時(入館は16時30分まで) **5**月曜(ただし月曜が休日の場合は開館)、年末年始、その他臨時休館あり **6**大人750円、高・大学生400円、小・中学生　無料 **7**〈電車〉 JR草津駅西口から烏丸半島行き近江鉄道バス約25分、琵琶湖博物館前下車すぐ〈車〉名神道大津ICから近江大橋、湖周道路などで約30分(または名神道栗東ICから約25分) **8**あり

京都水族館　**1**600-8835 **2**京都市下京区観喜寺町35-1 (梅小路公園内) **3**http://www.kyoto-aquarium.com **4**9時～ 17時(GW、夏休み、年末年始は変更あり)。入場受付は閉館の1時間前まで **5**なし(年中無休)　※ただし、施設点検などで臨時休業あり **6**大人2000円、高校生1500円、中・小学生1000円、幼児(3歳以上) 600円〈年間パスポート〉大人4000円、高校生3000円、中・小学生2000円、幼児(3歳以上) 1200円 **7**〈電車〉「京都」駅中央口より西へ徒歩約15分、またはJR山陰本線「丹波口」駅より南へ徒歩約15分 **8**なし

丹後魚っ知館　**1**626-0052 **2**京都府宮津市小田宿野1001 **3**http://www.kepco.co.jp/pr/miyazu/ **4**9時～ 17時 **5**木曜(祝日の場合は翌平日)、12/29 ～ 1/3 **6**大人300円、小人(小・中学生) 150円 **7**〈電車〉北近畿タンゴ鉄道宮津駅からタクシー約15分〈車〉京都縦貫道宮津天橋立ICより車で約20分 **8**あり

海遊館　**1**552-0022 **2**大阪府大阪市港区海岸通1 **3**http://www.kaiyukan.com/ **4**10時～ 20時 (季節により変動。入館は閉館1時間前まで) **5**1、2、6月に、年間6日間 **6**大人2000円、こども(小・中学生) 900円、幼児(4歳以上) 400円 **7**〈電車〉地下鉄中央線大阪港駅から徒歩約5分 (または大阪駅から88系・なんば駅から60系天保山行きバス終点下車)〈車〉阪神高速湾岸線・大阪港線天保山出口からすぐ **8**天保山Ⓟを利用

かわいい水族館　**1**530-0012 **2**大阪府大阪市北区芝田1-1-3 阪急三番街北館1階 **3**なし **4**10時～ 22時 **5**なし **6**無料 **7**〈電車〉阪急梅田駅より3分 **8**阪急梅田駅Ⓟを利用

神戸市立 須磨海浜水族園　**1**654-0049 **2**兵庫県神戸市須磨区若宮町1-3-5 **3**http://sumasui.jp/ **4**9時～ 17時(GW、夏休み期間、7 ～ 9月の土日は20時閉館。入園は閉園1時間前まで) **5**水曜(12 ～ 2月、年末年始、※祝日は除く)、3 ～ 11月は無休。別途工事休園有 **6**大人(18歳以上) 1300円、中人(15 ～ 17歳) 800円、小人(6 ～ 14歳) 500円〈年間パスポート〉大人3000円、中人2000円、小人1200円 **7**〈電車〉 JR須磨海浜公園駅から南へ徒歩5分、または山電月見山駅から南へ徒歩10分)〈車〉大阪方面からは阪神高速3号神戸線若宮ランプからすぐ。明石・岡山方面からは第2神明道路須磨ICから南へ約5分 **8**須磨海浜公園Ⓟを利用

城崎マリンワールド　**1**669-6122 **2**兵庫県豊岡市瀬戸 **3**http://marineworld.hiyoriyama.co.jp/ **4**9時～ 17時 **5**なし **6**大人2310円、小人(小・中学生) 1150円、幼児(3歳以上) 570円 **7**〈電車〉 JR城崎駅から日和山行きバス約15分、終点下車すぐ〈車〉播但道和田山ICから国道9、312号線などで約1時間10分(または舞鶴道福知山ICから約1時間40分) **8**あり

姫路市立水族館　**1**670-0971 **2**兵庫県姫路市西延末440 (手柄山中央公園内) **3**http://www.city.himeji.lg.jp/aqua/ **4**9時～ 17時 **5**火曜日(祝日の場合は翌平日)、12/29 ～ 1/1 **6**大人 500円、小・中学生 200円 **7**〈電車〉山陽電車手
柄駅から徒歩10分。〈バス〉 JR姫路駅南口から神姫バス95番、96番路線姫路市文化センター前下車、徒歩5分。またはJR姫路駅南口から神姫バス97番路線(手柄山ループバス)姫路市文化センター前下車、徒歩5分(土日祝のみ運行)〈車〉姫路バイパス中地ICから手柄山第1立体駐車場まで約5分 **8**手柄山第1立体Pを利用

和歌山県立自然博物館　**1**642-0001 **2**和歌山県海南市船尾370-1 **3**http://www.shizenhaku.wakayama-c.ed.jp/ **4**9時30分～ 17時 (入館は閉館30分前まで) **5**月曜 (祝日の場合は翌平日)、12/29 ～ 1/3 **6**大人460円 (65歳以上及び高校生以下は無料) **7**〈電車〉 JR和歌山駅・南海本線和歌山市駅から海南市方面行きバス約30分(またはJR海南駅から和歌山市方面行き約10分)、琴の浦下車すぐ〈車〉阪和道海南ICから和歌山市方面へ約10分 **8**あり

京都大学白浜水族館　**1**649-2211 **2**和歌山県西牟婁郡白浜町459 **3**http://www.seto.kais.kyoto-u.ac.jp/aquarium/index.html **4**9時～ 17時(入館は閉館30分前まで) **5**なし **6**大人(高校生以上) 500円、小人(小・中学生) 110円 **7**〈電車〉 JR白浜駅から明光バス「町内循環線」にて「臨海」下車すぐ〈車〉阪和自動車道南紀田辺ICより約16km **8**あり

串本海中公園　**1**649-3514 **2**和歌山県東牟婁郡串本町有田1157 **3**http://www.kushimoto.co.jp/ **4**9時～ 16時30分(チケット販売は閉館30分前まで) **5**なし **6**〈水族館・海中展望塔〉大人1500円、小・中学生700円、幼児(3歳以上) 200円〈海中観光船ステラマリス〉大人1800円、小・中学生900円〈入場・乗船セット割引料〉大人2400円、小・中学生1350円、幼児 (3歳以上) 200円 **7**〈電車〉 JR串本駅から無料送迎バスあり〈車〉阪和道南紀田辺ICから国道42号線で約1時間30分 **8**あり

太地町立 くじらの博物館　❶649-5171 ❷和歌山県東牟婁郡太地町大字太地2934-2 ❸http://www.kujirakan.jp/ ❹8時30分～ 17時 ❺なし ❻大人(高校生以上) 1300円、小中学生700円〈年間パスポート〉大人(高校生以上) 3900円、小中学生2100円 ❼〈電車〉 JR太地駅から町営循環バスで「くじら館」下車〈車〉阪和道南紀田辺ICから国道42号線で約2時間。または伊勢道紀勢大内山ICから約2時間30分 ❽あり

すさみ海立 エビとカニの水族館　❶649-3142 ❷和歌山県西牟婁郡すさみ町江住 (日本童話の園公園内) ❸http://www.aikis.or.jp/~ebikani/ ❹9時～ 17時 ❺なし ❻大人300円、小人200円 ❼〈電車〉 JR江住駅から徒歩20分〈車〉阪和道田辺ICから国道42号線で約1時間。または紀勢道大紀ICから国道42号で約3時間 ❽あり

アドベンチャーワールド　❶649-2201 ❷和歌山県西牟婁郡白浜町堅田2399 ❸http://aws-s.com/ ❹9時30分～ 17時(11月～ 2月は10時開館。GWと夏休みの一定期間に夜間営業あり) ❺不定休 ❻大人(18歳以上) 3,800円、シニア(65歳以上) 3,400円、中人(中高生) 3,000円、小人(4歳以上) 2,300円〈年間パスポート〉大人12000円、中人8000円、小人6000円 ❼〈電車〉 JR白浜駅からアドベンチャーワールド行き直通バス約10分〈車〉阪和道「南紀田辺IC」から国道42号線で約20分 ❽あり

玉野市立 玉野海洋博物館　❶706-0028 ❷岡山県玉野市渋川2-6-1 ❸http://www.city.tamano.okayama.jp/webapps/www/section/detail.jsp?id=36 ❹9時～ 17時 ❺水曜(祝日の場合は翌日。GW、春・夏休み期間は無休)、12/28 ～ 12/31、1/4 ❻大人500円(15歳以上)、小人(5歳～中学生) 250円 ❼〈電車〉 JR宇野駅から渋川荘・王子ヶ丘国民宿舎前行きバス約30分、渋川下車徒歩5分〈車〉瀬戸中央道(瀬戸大橋道)児島ICから国道430号線で約30分 ❽なし(渋川海水浴場Ⓟ 利用可。夏期は有料)

宮島水族館　❶739-0588 ❷広島県廿日市市宮島町10-3 ❸http://www.miyajima-aqua.jp/ ❹9時～ 17時(最終入館16時) ❺12/26 ～ 12/30 ❻一般(高校生含む) 1,400円、小・中生 700円、幼児 400円(4歳未満は無料) ❼〈電車〉 JR・広電宮島口駅からフェリー 10分、宮島港下船徒歩25分 (神社出口から5分)。宮島港へは広島港から高速艇もあり〈車〉広島岩国道路廿日市IC (下り方面)、大野IC (上り方面)から宮島口まで国道2号線で約10分 ❽障がい者用2台

島根県立 しまね海洋館AQUAS(アクアス)　❶697-0004 ❷島根県浜田市久代町1117-2 ❸http://www.aquas.or.jp/ ❹9時～ 17時(夏休み期間は18時閉館) ❺火曜(祝日の場合は翌日。春休み、GW、夏休み、冬休み、年末年始は無休) ❻大人1500円、小人(小・中・高生) 500円 ❼〈電車〉 JR波子駅から徒歩10分。またはJR浜田駅から江津駅方面行きバス約15分、アクアス前下車徒歩1分〈車〉山陰道(江津道路)浜田東ICから国道9号線で約5分 ❽あり(2000台・無料)

島根県立 宍道湖自然館 ゴビウス　❶691-0076 ❷島根県出雲市園町1659-5 ❸http://www.gobius.jp ❹9時30分～ 17時 ❺火曜(祝日の場合は翌平日)、12/28 ～ 1/1 ❻大人500円、小・中・高校生200円〈年間パスポート〉大人1400円、小・中・高校生500円 ❼〈電車〉一畑電鉄湖遊館新駅から徒歩10分。または出雲空港からタクシー約10分〈車〉山陰道宍道ICから国道9、県道23号線などで約12分 ❽あり

下関市立 しものせき水族館 海響館　❶750-0036 ❷山口県下関市あるかぽーと6-1 ❸http://www.kaikyokan.com/ ❹9時30分～ 17時30分(季節・曜日などにより異なる、HPで要確認。入館は閉館30分前まで) ❺なし ❻大人2000円、小人(小・中学生) 900円、幼児(3歳以上) 400円 ❼〈電車〉 JR下関駅から海響館線バス約7分、海響館下車すぐ。または1 ～ 3・5・6番乗り場発のバス約7分、西南部・唐戸下車徒歩3分〈車〉中国道下関ICから約15分 ❽あり

なぎさ水族館　❶742-2601 ❷山口県大島郡周防大島町大字伊保田2211-3 ❸http://www.nagisa-aqua.net ❹9時～ 16時30分 ❺12/30、12/31、1/1、1/2 ❻大人210円、小人(小・中学生) 100円 ❼〈電車〉 JR大畠駅から周防油宇行きバス約1時間、陸奥記念館下車すぐ〈車〉山陽道玖珂ICから国道437号線で約1時間15分 ❽あり

新屋島水族館　❶761-0111 ❷香川県高松市屋島東町1785-1 ❸http://www.new-yashima-aq.com/top/top.html ❹9時～ 17時 ❺なし ❻大人1200円、中高校生700円、小学生(3歳以上) 500円、65歳以上700円 ❼〈電車〉 JR屋島駅からシャトルバス(片道100円)約10分。または琴電屋島駅からタクシー 7分〈車〉高松道高松中央ICから国道11号線、屋島ドライブウェイなどで約20分 ❽あり

虹の森公園 おさかな館　❶798-2102 ❷愛媛県北宇和郡松野町大字延野々 1510-1 ❸http://www.morinokuni.or.jp/publics/index/1 ❹10時～ 17時 ❺1/1、水曜(GW、7、8月、春・冬休み中は営業) ❻大人(高校生以上) 800円、小人(小・中学生) 400円、幼児(3歳以上) 200円 ❼〈電車〉 JR松丸駅から徒歩5分〈車〉松山道三間ICから県道57、国道320、381号線で約20分 ❽あり

桂浜水族館　❶781-0262 ❷高知県高知市浦戸778 (桂浜公園内) ❸http://www.katurahama-aq.jp/ ❹9時～ 17時30分(冬期期間～ 17時) ❺なし ❻大人1100円、中高生600円、小学生500円、幼児(3歳以上) 300円 ❼〈電車〉 JR高知駅から桂浜行きバス約30分、桂浜下車徒歩5分〈車〉高知道高知ICより約30分 ❽桂浜公園駐車場利用

高知県立 足摺海洋館　❶787-0450 ❷高知県土佐清水市三崎字今芝4032 ❸http://www.kaiyoukan.jp/ ❹8時～ 18時(9月～ 3月は9時～ 17時) ❺12月第3木曜 ❻大人700円、児童・生徒(小・中・高校生) 350円、就学前幼児は無料 ❼〈電車〉土佐くろしお鉄道中村駅から土佐清水経由宿毛行きバス1時間20分、海洋館前下車すぐ〈車〉高知道中土佐ICから国道56、321号線などで約2時間20分 ❽あり

四万十川学遊館 あきついお

[1]787-0019 [2]高知県四万十市具同8055-5 [3]http://www.gakuyukan.com/ [4]9時～17時 [5]月曜(祝日の場合は翌日。春・夏・冬休み期間、年末年始は無休) [6]大人840円、中・高校生420円、小人(4歳～小学生) 310円〈年間パスポート〉大人2420円、中・高校生1160円、小人830円 [7]〈電車〉土佐くろしお鉄道中村駅から徒歩30分。または中村駅から中村まちバス6分、渡川下車徒歩10分〈車〉高知道中土佐ICから国道56号線で約1時間30分 [8]あり

マリンワールド海の中道

[1]811-0321 [2]福岡県福岡市東区西戸崎18-28 [3]http://www.marine-world.co.jp/ [4]9時30分～17時30分(冬期は10時～17時。夏休み期間は9時～18時30分。詳細はHPで要確認) [5]なし [6]大人2100円、中学生1150円、小学生800円、幼児(4歳以上) 550円〈年間パスポート〉大人3900円、中学生2100円、小学生1500円、幼児1000円 [7]〈電車〉 JR海の中道駅から徒歩7分〈車〉福岡都市高速1号線香椎浜ランプから国道495号線、アイランドシティ経由で約15分 [8]あり

大分マリーンパレス水族館「うみたまご」

[1]870-0802 [2]大分県大分市高崎山下海岸 [3]http://www.umitamago.jp/ [4]9時～18時 (通常営業。夜間営業は要問い合わせ。入館は閉館1時間前まで) [5]年1回メンテナンス連休あり [6]大人1890円、小人(小・中学生) 950円、幼児(4歳以上) 630円、70才以上1580円 [7]〈電車〉 JR大分駅から別府・国東方面行きバス約25分、高崎山自然動物園前下車すぐまたはJR別府駅から大分駅行きバス約15分〈車〉大分道別府ICから約25分 [8]あり

道の駅やよい 番匠おさかな館

[1]876-0112 [2]大分県佐伯市弥生大字上小倉898番地1 [3]http://rs-yayoi.com/index2.html [4]10時～17時 [5]毎月第二火曜 [6]大人(中学生以上) 300円、小人(小学生以下) 200円、幼児(3歳以下)無料〈年間パスポート〉中学生以上900円、小学生以下600円 [7]〈電車〉 JR日豊本線「佐伯駅」よりバス「道の駅やよい前」〈車〉東九州自動車道佐伯IC→県道36号→県道219号→国道10号→佐伯市弥生(所要10分) [8]あり

長崎ペンギン水族館

[1]851-0121 [2]長崎県長崎市宿町3-16 [3]http://penguin-aqua.jp [4]9時～17時 (8月は18時まで) [5]年中無休 [6]大人500円、小人(3歳～中学生) 300円 [7]〈バス〉平日はJR長崎駅東口、土日祝日は南口から網場または春日車庫前行き(約30分)ペンギン水族館前下車徒歩すぐ〈車〉長崎自動車道長崎芒塚ICから約5分 [8]あり

九十九島水族館「海きらら」

[1]858-0922 [2]長崎県佐世保市鹿子前町1008番地 [3]http://www.pearlsea.jp/ [4]3～10月は9時～18時、11～2月は9時～17時 [5]年中無休 [6]大人1400円、4才～中学生700円、70歳以上1.200円 [7]〈電車〉 JR佐世保駅から有料シャトルバスもしくは市営バス鹿子前桟橋行で25分〈車〉西九州自動車道佐世保中央ICで下車約7分 [8]あり

むつごろう水族館

[1]854-0031 [2]長崎県諫早市小野島町2232 [3]http://www.kantakunosato.co.jp/map/suizokukan/index.htm [4]9時30分～17時 [5]月曜(祝日の場合は翌日) 12/30～1/1 [6]大人300円、小人200円、幼児100円。(但し別に入園料が必要) [7]〈電車〉 JR諫早駅から島鉄に乗り換え干拓の里駅下車〈車〉諫早IC→島原・雲仙方面(R57)→島鉄干拓の里駅から左折 [8]あり

わくわく海中水族館 シードーナツ

[1]861-6102 [2]熊本県上天草市松島町合津6225-7 [3]http://www.amakusapearl.com/ [4]9時～17時 [5]不定休 [6]大人1300円、中・高校生800円、小学生500円、幼児(3歳以上)400円 [7]〈電車〉熊本駅から九州産交バス国民宿舎前下車・徒歩3分 [8]あり

高千穂峡淡水魚水族館

[1]882-1103 [2]宮崎県西臼杵郡高千穂町向山60-1 [3]http://www.town-takachiho.jp/culture/tourism/entry091126176.html [4]9時～17時 [5]12/31～1/1 [6]大人300円、小人(小・中学生) 200円 [7]〈車〉九州道松橋ICから国道218号線で約2時間〈バス〉最寄り=宮崎交通高千穂バスセンターからタクシー約5分 [8]あり

すみえファミリー水族館

[1]889-0321 [2]宮崎県延岡市須美江町69-1 [3]http://www17.ocn.ne.jp/~s-beach/index.html [4]9時～17時 [5]水曜(祝日の場合は翌日) [6]大人(高校生以上) 300円、小人(小・中学生) 200円 [7]〈電車〉 JR延岡駅からバスで30分〈車〉九州自動車道熊本ICから国道57、325、218、10、388号線などで3時間30分 [8]あり

いおワールド かごしま水族館

[1]892-0814 [2]鹿児島県鹿児島市本港新町3-1 [3]http://www.ioworld.jp/ [4]9時30分～18時(入館は17時まで) [5]12月の第一月曜日から連続する4日間 [6]大人1500円、小人(小・中学生) 750円、幼児(4歳以上) 350円〈年間パスポート〉大人3000円、小人(小・中学生) 1500円、幼児(4歳以上) 700円 [7]〈電車〉 JR鹿児島中央駅から市電15分、水族館口下車徒歩8分。またはバス約15分、水族館前・桜島桟橋下車すぐ〈車〉九州道鹿児島北ICから国道3号線経由で約20分 [8]あり

海洋博公園 沖縄美ら海水族館

[1]905-0206 [2]沖縄県国頭郡本部町石川424 [3]http://oki-churaumi.jp [4]8時30分～18時30分(3月～9月は20時閉館)。入館は閉館1時間前まで [5]12月の第1水曜とその翌日 [6]大人1800円、高校生1200円、小・中学生600円〈年間パスポート〉大人3600円、高校生2400円、小・中学生1200円 [7]〈バス〉那覇バスターミナルから高速バス約2時間、名護で乗り換え約1時間、記念公園前下車徒歩7分〈車〉沖縄自動車道許田ICから国道58・449、県道114号線で約50分 [8]あり

チョウザメ……19
チョウチョウウオ……47
チョウチンアンコウ（標本）……83
チンアナゴ……80
ツユベラ……64
テッポウウオ……98
テトラオドン・ムブ……74
テナガエビ……91
デバススズメダイ……51
デンキウナギ……99
デンキナマズ……99
トゲチョウチョウウオ……46
トラウツボ……37
トラザメ……65
トラフカラッパ……92
トラフザメ……19
トランスルーセント
グラスキャットフィッシュ……77
ドワーフソーフィッシュ……23

ナ～ノ

ナガタチカマス……67
ナポレオンフィッシュ
（メガネモチノウオ）……44
ナンヨウマンタ……20、100
ニシキアナゴ……81
ニセゴイシウツボ……36
ヌタウナギ……78
ヌノサラシ……39
ネズミフグ……75
ノソブランキウス・ラコヴィ……59

ハ～ホ

バイカルアザラシ……112
ハコフグ……38、73
パシフィックシーネットル……61
ハセイルカ……106
ハナイカ……87
ハナミノカサゴ……57
ババガレイ……96
ハマダイ……67
バンドウイルカ……104
ヒカリキンメダイ……63
ヒゲハギ……73
ヒゲペンギン……116
ヒバシヨウジ……95
ヒフキアイゴ……48
ヒメイカ……87
ピラニア・ナッテリー……32
ピラルクー……30
ビワコオオナマズ……76
フウセンウオ……102
フウライチョウチョウウオ……46
フリソデエビ……90
フンボルトペンギン……116
ベニシオマネキ……93
ベルーガ（シロイルカ）……107
ポーキュバインフィッシュ……75
ホシエイ……22
ホシヤスジクラゲ……61
ホタルイカ……63
ボロカサゴ……56
ホワイトバード・ボックスフィッシュ……74
ホンソメワケベラ……53

マ～モ

マアナゴ……81
マイワシ……26
マダコ……88
マダラトビエイ……21
マツカサウオ……62
マンボウ……70
ミズクラゲ……60、101
ミスジチョウチョウウオ……46
ミズダコ……89
ミズヒキガニ……93
ミゾレフグ……72
ミドリフサアンコウ……82
ミミイカ……87
ミミックオクトパス
（ゼブラオクトパス）……89
ムラサキホシエソ（標本）……41
メガネゴンベ……49
メガマウスザメ（標本）……17
メコンオオナマズ……76
メダカ……58
メンダコ（標本）……41
モクズショイ……97

ヤ～ヨ

ヤリイカ……86
ユカタハタ……55

ラ～ロ

ラッコ……113
ランプサッカー……102
リーフィーシードラゴン
……41（標本）、94
リーフフィッシュ……96
リュウグウノツカイ（標本）……85
ルックダウン……48
ルリスズメダイ……51
レッドテールキャットフィッシュ……76

これは便利！　魚《うお》引《び》きさくいん

ア〜オ

アオウミガメ……118
アオメダカ……59
アオリイカ……86
アカウミガメ……119
アカエイ……22
アカグツ……83
アカクラゲ……60
アカシュモクザメ……18
アカネハナゴイ……55
アカメ……28
アケボノチョウチョウウオ……47
アゴハタ……39
アジアアロワナ……31
アフリカハイギョ……33
アフリカマナティー……115
アメリカマナティー……114
アリゲーターガー……30
アンドンクラゲ……61
イエローヘッドジョーフィッシュ……50
イガグリガニ……93
イサゴビクニン……84
イシガキフグ……75
イシダイ……98
イセエビ……91
イタチザメ……16
イトウ……24
イトマキエイ……21
イロワケイルカ……106
イワトビペンギン……117
ウィーディーシードラゴン……95
ウチワフグ……74
ウッカリカサゴ……56
エンペラーペンギン……117
オイランヨウジ……95
オウムガイ……34、65(卵)
オオウミウマ……94
オオカミウオ……29
オーストラリアハイギョ……33
オキゴンドウ……108
オタリア……111
オトヒメエビ……91
オニダルマオコゼ……97
オルネイト・カウフィッシュ……73

カ〜コ

カエルアンコウ……82
カクレクマノミ……52、101
カタクチイワシ……27
カブトガニ……35
カブトクラゲ……61
カマイルカ……105
カリフォルニアアシカ……110
カワヤツメ……79
キアンコウ……66、83
キタマクラ……38
キツネベラ……45
キハッソク……39
キュウセン……45
キンギョハナダイ……55
クダゴンベ……48
グリーンソーフィッシュ……23
クリオネ……68
クロウミガメ……119
クロマグロ……25
ケープペンギン……116
ゴールデンバタフライフィッシュ……47
コブシメ……87
コブダイ……45
ゴマフアザラシ……112
コンゴウフグ……72
ゴンズイ……77
コンペイトウ……102

サ〜ソ

サカサナマズ……77
サクラダイ……55
サケ……24
サケビクニン……84
サラサハタ……54
ザラビクニン……84、101
シーラカンス……42
シビレエイ……23
シャチ……40(標本)、109
ジュゴン……115
ショウグンエビ……91
シルバーアロワナ……31
シロイルカ(ベルーガ)……107
シロザケ……67
シロメダカ……59
ジンベエザメ……14
スナメリ……106
スポテッド バラムディ……31
セジロクマノミ……52
ゼブラウツボ……37
ゼブラオクトパス
（ミミックオクトパス）……89
セミエビ……90
ソードテール……59
ソラスズメダイ……51

タ〜ト

ダイアモンドピラニア……32
タカアシガニ……92
タツノオトシゴ……95

著者　さかなクン

東京生まれ。東京海洋大学客員准教授。お魚らいふ・コーディネーター、環境省地球いきもの応援団。小学校のころ、友だちの描いたタコの絵を見てタコに夢中になり、次第にお魚全般に興味を持つようになる。中学3年生の時には、学校でみんなで育てたカブトガニの産卵・孵化に成功。その後、大好きなお魚とともに活動を続け、豊富な知識と経験に裏付けられたお話やそのキャラクターは、幼児から大人まで幅広い人気を誇る。朝日小学生新聞、舵社「ボート倶楽部」などでイラストコラムを連載中。『おしえて！さかなクン』『さかなクンのあいうえお魚くいずかん』『原寸大すいぞく館』など著書多数。

このお魚はここでウォッチ！
さかなクンの水族館ガイド

2012年8月22日　初版第一刷発行
2016年6月30日　初版第四刷発行

著者	さかなクン
ブックデザイン	釜内由紀江（GRiD） 井上大輔（GRiD）
イラスト	さかなクン
著者写真	伊藤美香子
構成	村上朋子
制作協力	株式会社アナン・インターナショナル
編集	金貞姫
編集協力	高野夏奈

発行者	木谷仁哉
発行所	株式会社ブックマン社 〒101-0065　千代田区西神田3-3-5 TEL 03-3237-7777　FAX 03-5226-9599 http://www.bookman.co.jp

ISBN 978-4-89308-779-9
印刷・製本：図書印刷株式会社

定価はカバーに表示してあります。乱丁・落丁本はお取替えいたします。

本書の一部あるいは全部を無断で複写複製及び転載することは、法律で認められた場合を除き著作権の侵害となります。

ⓒANAN INTERNATIONAL,INC., BOOKMAN-SHA2012